Preparación de materiales y maquinaria según documentación técnica

Francisco Javier Luque Romera

Francisco José Entrena González

ic editorial

Preparación de materiales y maquinaria según documentación técnica
© Francisco Javier Luque Romera
© Francisco José Entrena González

1ª Edición

© IC Editorial, 2025

Editado por: IC Editorial
c/ Cueva de Viera, 2, Local 3
Centro Negocios CADI
29200 Antequera (Málaga)
Teléfono: 952 70 60 04
Fax: 952 84 55 03
Correo electrónico: iceditorial@iceditorial.com
Internet: www.iceditorial.com

ISBN: 978-84-1184-967-8
Depósito Legal: MA-1151-2025

Impresión: PODiPrint
Impreso en Andalucía – España

Nota de la editorial: IC Editorial pertenece a Innovación y Cualificación S. L.

Presentación del manual

El **Certificado de Profesionalidad** es el instrumento de acreditación, en el ámbito de la Administración laboral, de las cualificaciones profesionales del Catálogo Nacional de Cualificaciones Profesionales adquiridas a través de procesos formativos o del proceso de reconocimiento de la experiencia laboral y de vías no formales de formación.

El elemento mínimo acreditable es la **Unidad de Competencia.** La suma de las acreditaciones de las unidades de competencia conforma la acreditación de la competencia general.

Una **Unidad de Competencia** se define como una agrupación de tareas productivas específica que realiza el profesional. Las diferentes unidades de competencia de un certificado de profesionalidad conforman la **Competencia General,** definiendo el conjunto de conocimientos y capacidades que permiten el ejercicio de una actividad profesional determinada.

Cada **Unidad de Competencia** lleva asociado un **Módulo Formativo,** donde se describe la formación necesaria para adquirir esa **Unidad de Competencia,** pudiendo dividirse en **Unidades Formativas.**

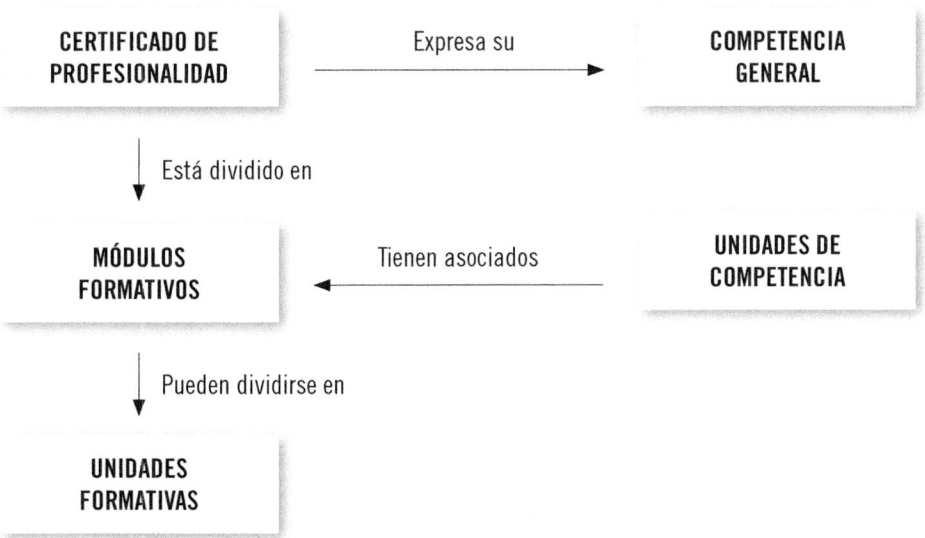

El presente manual desarrolla la Unidad Formativa **UF0444: Preparación de materiales y maquinaria según documentación técnica,**

perteneciente al Módulo Formativo **MF0088_1: Operaciones de montaje,**

asociado a la unidad de competencia **UC0088_1: Realizar operaciones básicas de montaje,**

del Certificado de Profesionalidad **Operaciones auxiliares de fabricación mecánica**

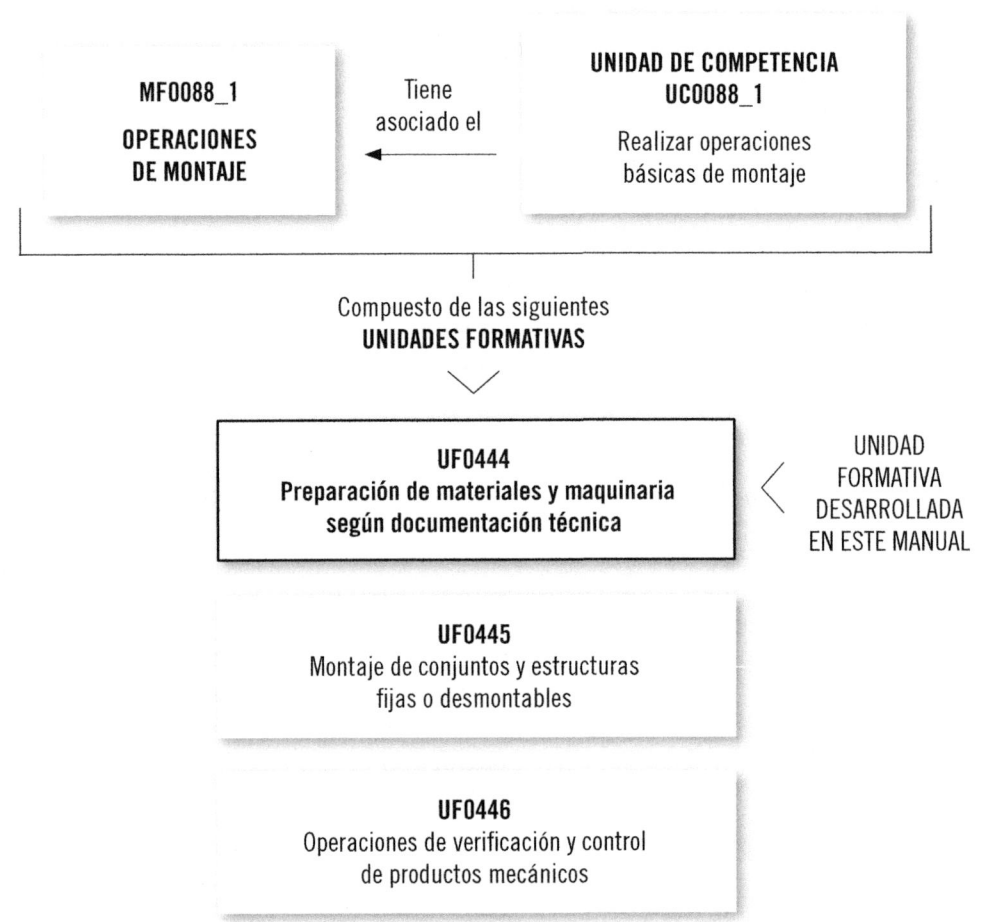

FICHA DE CERTIFICADO DE PROFESIONALIDAD

(FMEE0108) OPERACIONES AUXILIARES DE FABRICACIÓN MECÁNICA (Real Decreto 1216/2009, de 17 de julio)

COMPETENCIA GENERAL: Realizar operaciones básicas de fabricación, así como, alimentar y asistir a los procesos de mecanizado, montaje y fundición automatizados, con criterios de calidad, seguridad y respeto al medioambiente.

Cualificación profesional de referencia	Unidades de competencia		Ocupaciones o puestos de trabajo relacionados
FME031_1 OPERACIONES AUXILIARES DE FABRICACIÓN MECÁNICA (R. D. 295/2004 de 20 de febrero)	UC0087_1	Realizar operaciones básicas de fabricación	• 9700.008.4 Peones de la industria metalúrgica y fabricación de productos metálicos • 8414.007.8 Montador en líneas de ensamblaje de automoción • 9700.001.1 Peones de industrias manufactureras • Auxiliares de procesos automatizados
	UC0088_1	Realizar operaciones básicas de montaje	

Correspondencia con el Catálogo Modular de Formación Profesional

Módulos certificado	Unidades formativas	Horas
MF0087_1: Operaciones de fabricación	UF0441: Máquinas, herramientas y materiales de procesos básicos de fabricación	80
	UF0442: Operaciones básicas y procesos automáticos de fabricación mecánica	90
	UF0443: Control y verificación de productos fabricados	50
MF0088_1: Operaciones de montaje	UF0444: Preparación de materiales y maquinaria según documentación técnica	60
	UF0445: Montaje de conjuntos y estructuras fijas o desmontables	90
	UF0446: Operaciones de verificación y control de productos mecánicos	30
MP0095: Módulo de prácticas profesionales no laborales		40

Índice

Capítulo 1

Representación gráfica y documentación técnica

Contenido

1. Introducción

En la actualidad, resulta imprescindible para un técnico disponer de conocimientos relacionados con el manejo e interpretación de documentación técnica y, como no, de la representación gráfica que se incluye en estos manuales, ya que se interpretan planos de fabricación con las instrucciones para el ensamblaje de los diferentes conjuntos y componentes mecánicos.

Para llevar a efecto estos planos y representaciones se plantea la dificultad de plasmar sobre el papel, que representa el formato en dos dimensiones, un objeto cualquiera que tiene tres dimensiones.

La necesidad de representar piezas o conjuntos completos es cada vez mayor. La presentación de conjuntos mecánicos en catálogos y publicaciones especializadas, así como la representación detallada de sus elementos en manuales de fabricación, exigen el empleo de unas técnicas de representación gráfica adecuada para cada necesidad.

En los manuales se realizan con fotografías, dibujos artísticos y asistidos por ordenador, resaltando los aspectos más importantes e interesantes, así como sus formas o colores.

Cuando las representaciones gráficas se realizan en manuales de fabricación técnicos se utilizan planos detallados, empleando el dibujo técnico.

2. Documentación técnica del proceso

En la fabricación de conjuntos mecánicos y más concretamente en operaciones de montaje de conjuntos, se emplean documentación y manuales técnicos que indican el proceso e instrucciones a seguir. Estos manuales no solo indican datos, como tipos de materiales, sistemas de unión, aprietes, etc., sino que emplean, y en gran cantidad, representaciones para facilitar su compresión.

 **Nota**

En el pasado, los manuales de los equipos solían entregarse en CD, un formato que permitía distribuir la documentación de manera accesible y económica. Sin embargo, con el avance de la tecnología y la necesidad de mantener la información siempre actualizada, los CD han sido reemplazados progresivamente por los códigos QR.

Estos códigos permiten a los usuarios acceder a las versiones más recientes de los manuales en línea, evitando la necesidad de reemplazar los discos cada vez que haya una actualización. Este cambio además de optimizar la distribución de la información, también reduce el impacto ambiental al disminuir el uso de los soportes físicos.

Este modelo dinámico de documentación garantiza que los usuarios siempre tengan acceso a la información más actualizada y relevante para el uso y mantenimiento de los equipos.

En estos manuales suelen existir entre otros, planos que representan un conjunto de piezas y su disposición, los cuales deben ser interpretados por el operario que tenga que realizar el montaje del conjunto.

Como se ha podido observar en el ejemplo anterior, la documentación técnica que se emplea en los procesos abarca gran cantidad de información. La información escrita o explicativa dependerá del trabajo que se vaya a realizar y desarrollará las indicaciones del proceso, así como las precauciones o medidas a tomar. Lógicamente, estas instrucciones las desarrollará el manual en base a las operaciones que describa, ya sea el ensamblaje de piezas, disposiciones de tornillos, su apriete, etc.

En lo que a la representación gráfica se refiere, se emplean diferentes técnicas, como planos de conjunto o planos en detalle, e indicaciones, como nivel de acabado, tolerancias, que guardan unas reglas o normativas que hay que conocer para saber interpretarlas, puede ser el caso de un plano que describa una pieza e indique el nivel de acabado mediante símbolos.

3. Dibujo técnico

El dibujo técnico que se emplea en los manuales de documentación técnica está normalizado y sujeto a unas normas de ejecución, además se realiza a escala dibujando y anotando todo lo necesario que se quiera resaltar.

Representación gráfica de una pieza

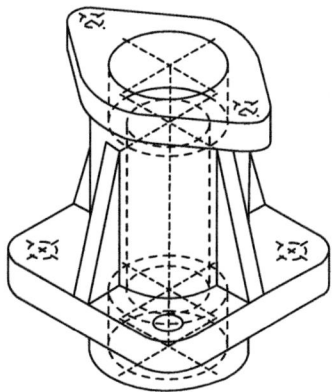

 Definición

Dibujo técnico industrial
Representación gráfica de forma única e inconfundible de partes o conjuntos de maquinaria industrial, de modo que su interpretación sea la misma por tantos operarios como consulten el plano.

En el siguiente punto, se desarrolla una serie de normas básicas de representación, vistas, croquizado, etc., imprescindibles para poder interpretar correctamente un manual de fabricación mecánica y para la realización de dibujos o croquis, que resultan necesarios para determinar cualquier variación en las dimensiones de las piezas.

3.1. Líneas normalizadas

Las líneas empleadas en el dibujo industrial están normalizadas en el tipo y ancho de las mismas. Se utilizarán unas formas y unos espesores diferentes dependiendo de su aplicación representativa.

Los tipos o clases de líneas más usuales son:

1. Líneas llenas
2. Líneas de trazos
3. Líneas de trazos y puntos
4. Líneas a mano alzada

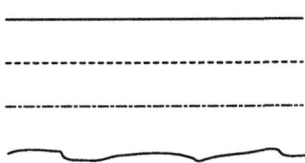

Con estos tipos de líneas se pueden representar todos los detalles de una parte del dibujo o un conjunto del mismo.

Como norma general, las distintas aplicaciones de estas líneas son:

- **Líneas llenas:** pueden ser gruesas o finas. Generalmente, las gruesas se emplean en aristas y contornos visibles de una pieza. Su espesor puede variar entre 0,3 y 1,2 mm dependiendo de la clase de dibujo y el tamaño de la pieza. Las líneas llenas finas se emplean para el trazado de cota y referencia. También pueden ser utilizadas para la representación de roscas y rayado de los cortes.
- **Líneas de trazos:** son empleadas para representar las aristas y los contornos interiores no visibles de una pieza. La longitud de los trazos no debe de ser demasiado pequeña. Cuando coincidan dos o más líneas de trazos se representarán de forma alternada.
- **Líneas de trazos y puntos:** se utilizan para la representación de ejes con un grosor algo mayor que las líneas de cota. Las de trazo grueso se utilizan en la representación de los cortes convencionales.

■ **Líneas de mano alzada:** son utilizadas para representar las zonas de las piezas en general. Son trazadas con pequeñas ondulaciones y, generalmente, tienen el espesor de los ejes.

Nota

Las líneas de trazos y puntos también se llaman líneas de ejes.

A continuación, se muestra una tabla resumen de líneas normalizadas.

Línea	Designación	Aplicaciones generales
———————	Línea gruesa	A1 Contornos vistos A2 Aristas vistas
———————	Línea fina (recta o curva)	B1 Líneas ficticias vistas B2 Líneas de cota B3 Líneas de proyección B4 Líneas de referencia B5 Rayados B6 Contornos de secciones abatidas sobre la superficie del dibujo B7 Ejes cortos
∿∿∿∿ —+—+—+—+—	Línea fina a mano alzada[2] Línea fina (recta) con zigzag	C1 Límites de vistas o cortes parciales o interrumpidos, si estos límites D1 no son líneas a trazos y puntos
------------------- -------------------	Gruesa de trazos Fina de trazos	E1 Contornos ocultos E2 Aristas ocultas F1 Contornos ocultos F2 Aristas ocultas

Continúa en página siguiente >>

<< Viene de página anterior

Línea	Designación	Aplicaciones generales
	Fina de trazos y puntos	G1 Ejes de revolución G2 Trazas de plano de simetría G3 Trayectorias
	Fina de trazos y puntos, gruesa en los extremos y en los cambios de dirección	H1 Trazas de plano de corte
	Gruesa de trazos y puntos	J1 Indicación de líneas o superficies que son objeto de especificaciones particulares
	Fina de trazos y doble punto	K1 Contornos de piezas adyacentes K2 Posiciones intermedias y extremos de piezas móviles K3 Líneas de centros de gravedad K4 Contornos iniciales antes del con formado K5 Partes situadas delante de un plano de corte

(1) Esta clase de líneas se utiliza particularmente para los dibujos ejecutados de una manera automática.
(2) Aunque haya disponibles dos variantes, solamente hay que utilizar un tipo de línea en un mismo dibujo.

 **Nota**

La norma ISO 128-1:2020 establece unos anchos de líneas que son válidos tanto para la representación gráfica como para la escritura. Estos anchos son: 0,18 – 0,25 – 0,35 – 0,5 – 0,7 – 1 – 1,4 y 2 mm.

Utilización de las líneas

- Las líneas de trazos y puntos (líneas de ejes) deben sobresalir del contorno de la pieza y del centro de la circunferencia. Además no deben continuar de una vista a otra. Si las circunferencias son muy pequeñas, se representarán líneas continuas finas. El centro de una circunferencia debe estar marcado por el cruce de dos trazos, nunca por un punto. (Fig. 1 y 2).

1-2

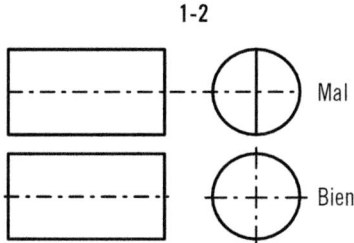

Mal

Bien

■ El eje de simetría se puede omitir en las piezas en las que se perciba con toda claridad. (Fig. 3).

3

■ Al representar media vista o un cuarto, los ejes de simetría llevarán en sus extremos dos pequeños trazos paralelos. (Fig. 4).

4

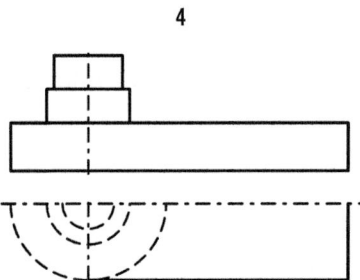

■ Cuando dos líneas de trazos sean paralelas y estén muy próximas serán representadas de forma alternada. (Fig. 5).

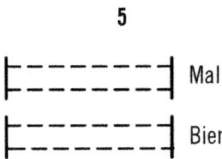

■ Las líneas de trazos siempre terminarán en trazos. (Fig. 6).

■ Si se cruzan dos líneas de trazos con otra, ya sean de trazos o continuas, no se cortarán. (Fig. 7).

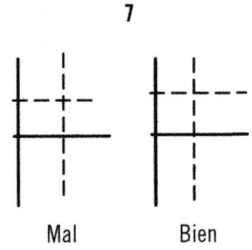

■ Los arcos de trazos acabarán en los puntos de tangencia. (Fig. 8).

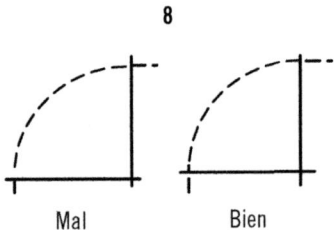

- Teniendo en cuenta el ancho de línea llena escogido para un dibujo, las demás líneas pertenecientes a ese dibujo van relacionadas con ellas, por consiguiente solo debe aparecer un grupo de línea.
- En cada grupo solo existirán dos anchos de líneas, un ancho de línea gruesa y otro de línea fina. Además se tiene que cumplir que la relación entre líneas gruesas y finas no debe ser inferior a dos.
- El espaciamiento mínimo entre líneas paralelas (incluyendo rayados) en ningún caso debe ser inferior a dos veces la anchura de la línea más gruesa y/o 0,7 mm.

A continuación, se representa un ejemplo de aplicación de los tipos de líneas recomendados:

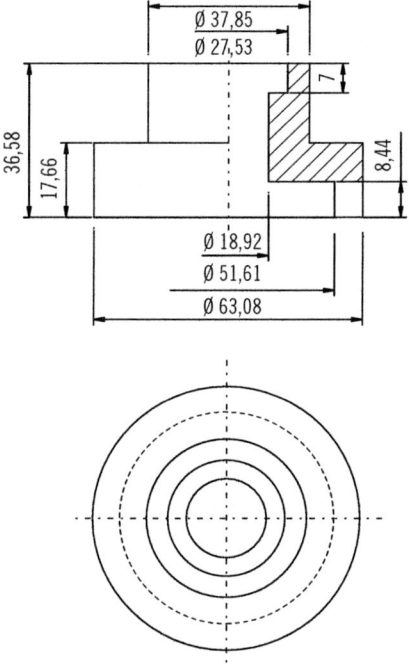

3.2. Vistas

Se denomina **vista de una pieza** a la proyección ortogonal de la misma sobre un plano imaginario que la envuelve formando un cubo.

Cada vista es como si se realizara una fotografía de cada cara de la pieza.

Si se representan las seis vistas posibles de una pieza en un plano, esta quedará perfectamente definida, auque no suele ser necesario el empleo de más de tres vistas para definirla. La representación de tres o seis caras dependerá de la complejidad de la pieza.

Las vistas que definen perfectamente a una pieza son:

- Alzado.
- Planta.
- Perfil (vista lateral).

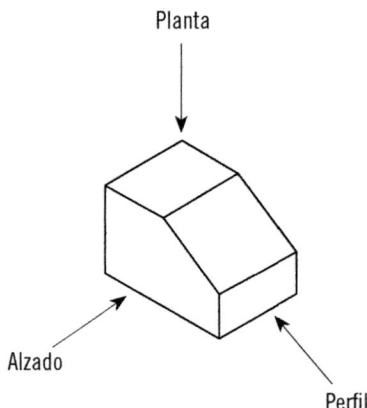

Las seis vistas que tiene la pieza de la figura se denominan:

- Vista de frente o alzado (vista **A**).
- Vista superior o planta (vista **B**).
- Vista lateral derecho o perfil derecho (vista **C**).
- Vista lateral izquierdo o perfil izquierdo (vista **D**).
- Vista inferior (vista **E**).
- Vista posterior (vista **F**).

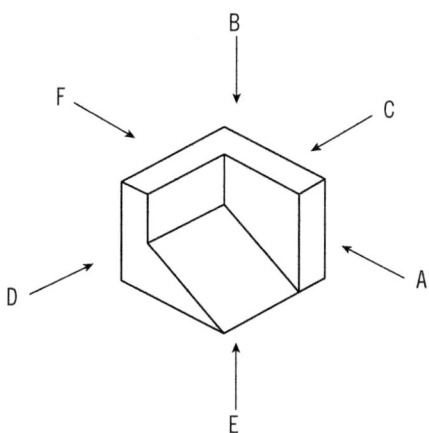

 **Nota**

Puede suprimirse una vista siempre que el objeto quede perfectamente definido por las demás vistas representadas, de forma que se consiga la representación inequívoca del componente empleando el menor número de vistas posible.

En la norma ISO 128-1:2020 se especifica que:

La vista más característica de una pieza u objeto debe elegirse como vista de frente o vista principal "alzado".

En la representación de la forma de un objeto o pieza se emplean dos métodos: el de proyección ortogonal y el de perspectiva.

Proyecciones ortogonales

Las piezas se representan mediante su proyección ortogonal, ángulo recto o perpendicular, utilizando los planos necesarios para definir su forma y dimensión.

Consiste en representar la vista obtenida entre una pieza determinada y su observador. El observador debe colocarse frente al plano de proyección dirigiendo a la pieza visuales paralelas entre sí, que indican perpendicularmente sobre los planos de proyección.

Estas vistas se pueden representar de dos formas:

Normal

El observador permanece en un punto mirando a la pieza y se representan las vistas de la misma en diferentes giros de noventa grados. De esta forma se pueden representar las seis vistas de una pieza. Lógicamente, se elige como vista principal la que mejor represente su forma y dimensiones, tal como indica la norma UNISO 128-1:2020.

**Representación de una mesa elevadora
con el sistema ortogonal normal**

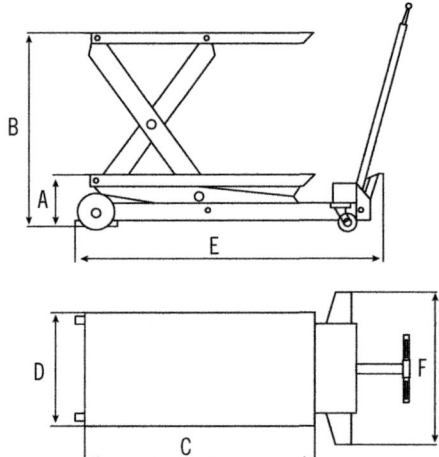

 Aplicación práctica

En el taller donde usted se encuentra trabajando, su encargado le entrega una pieza, como la que a continuación se representa, y le indica que realice con el sistema ortogonal un plano con las diferentes vistas. ¿Cuáles serían las distintas vistas que se obtienen de esta pieza?

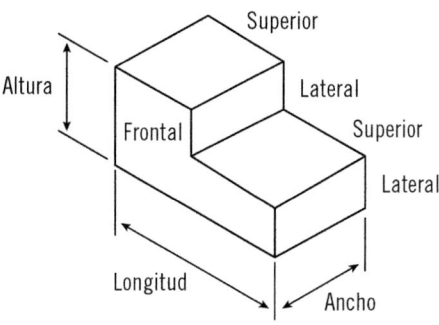

SOLUCIÓN

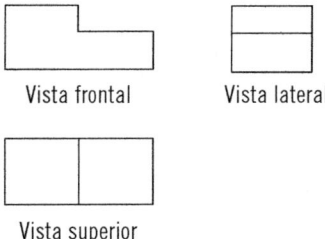

Vista frontal   Vista lateral

Vista superior

Método de Proyección del Primer y Tercer Diedro

Estos dos métodos se diferencian claramente uno del otro, ya que en el sistema del **Primer Diedro o Sistema Europeo** el objeto se encuentra entre el observador y el plano de proyección, y en el sistema de **Tercer Diedro** o **Sistema Americano** es el plano de proyección el que se encuentra entre el observador y el objeto.

Sistema europeo **Sistema americano**

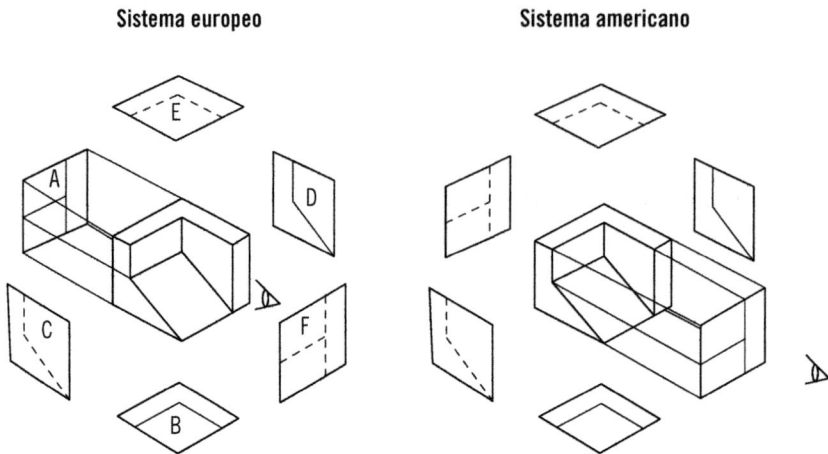

Ilustración de la diferencia de proyección entre el sistema del Primer Diedro o sistema europeo y el sistema del Tercer Diedro o sistema americano

Este método se desarrolla suponiendo que la pieza está incorporada dentro de un cubo.

El número máximo de vistas ortogonales será de seis. Estas se obtendrán proyectando la pieza sobre cada uno de los seis planos del cubo, consiguiendo así las correspondientes proyecciones ortogonales.

Para dibujar estas proyecciones sobre el plano, hay que elegir la vista principal o alzado e imaginar que el cubo se abre y en cada una de sus caras queda representada la vista correspondiente de la pieza.

Las vistas resultantes se denominan de la siguiente forma:

- **Vista de frente o alzado** (siendo esta generalmente la vista principal). La pieza queda definida en esta vista por su longitud y altura.
- **Vista superior o planta.** Define la pieza por su longitud y anchura.
- **Vista izquierda** (también llamado perfil izquierdo). Define la anchura y altura de la pieza.
- **Vista derecha** (también llamado perfil derecho). Define, al igual que la anterior, el alto y ancho de la pieza.
- **Vista inferior** (también llamada planta inferior). Define el largo y ancho de la pieza.

■ **Vista posterior** (también llamado alzado posterior). Define, al igual que el alzado, el largo y alto de la pieza.

A continuación, se expone un ejemplo de los dos sistemas de representación.

Vista de pieza principal   Método de proyección del Primer Diedro

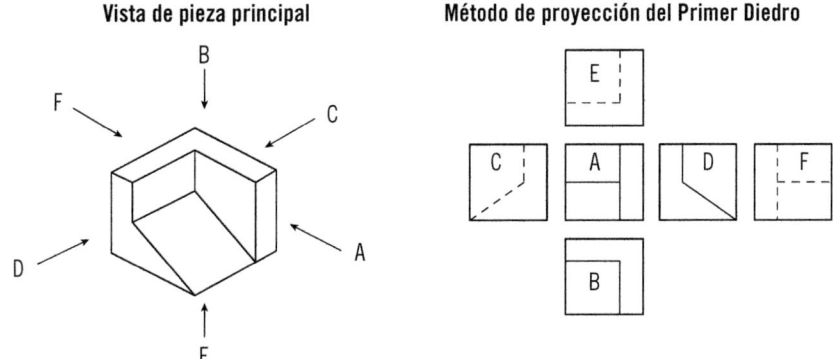

Método de proyección del Tercer Diedro

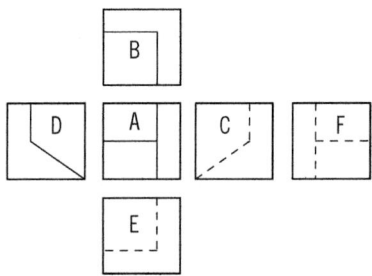

Además de la representación, en el dibujo se debe especificar si se ha hecho con el Sistema Europeo o Sistema Americano mediante un signo consistente en un tronco de cono representado por dos vistas:

Sistema europeo (Primer Diedro)   Sistema americano (Tercer Diedro)

Ahora se muestra otro ejemplo en el que se aprecia la representación de una pieza y la proyección de sus vistas, utilizando el Sistema Europeo o Primer Diedro.

Representación de una pieza

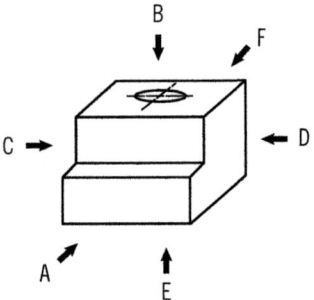

Proyección de las distintas vistas de la pieza

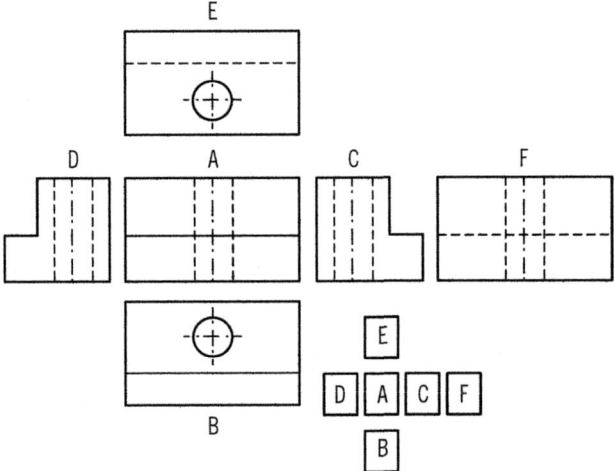

Aplicación práctica

Dibuje con el método de proyección del Primer y Tercer Diedro las diferentes vistas de la siguiente pieza, teniendo en cuenta sus medidas reales.

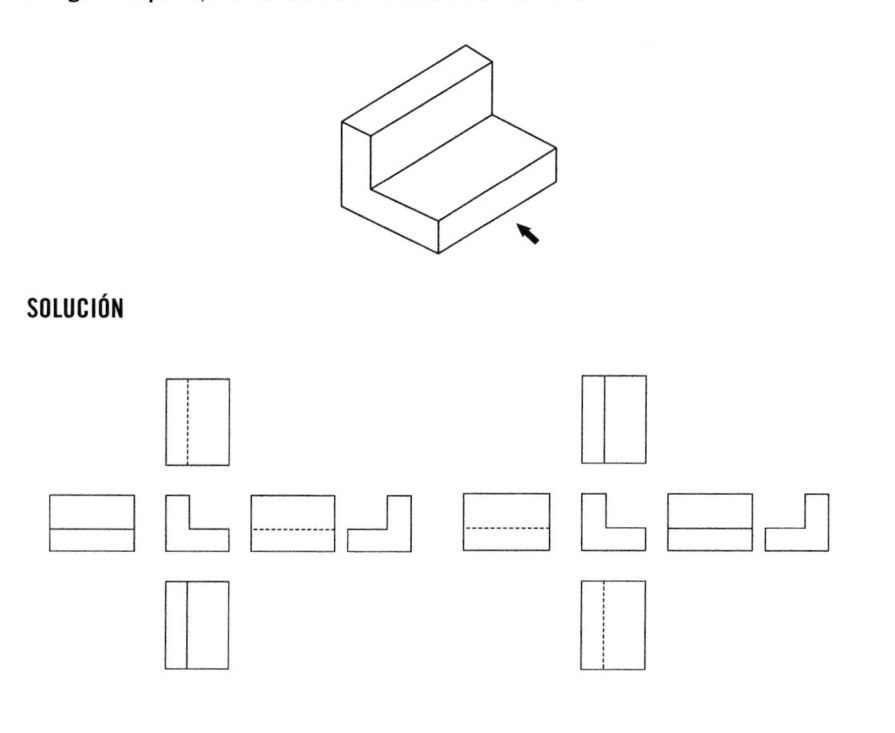

SOLUCIÓN

Perspectiva

El **dibujo en perspectiva** consiste en representar un objeto por medio de una sola vista o proyección, de forma que se vea en tres dimensiones. En un solo dibujo se pueden observar hasta tres vistas, las cuales deben ser correspondidas con las más representativas. Este sistema tiene la ventaja de que permite una interpretación más rápida y sencilla del objeto, consiguiendo una vista más parecida a la contemplada en la realidad que con las vistas ortogonales.

 **Nota**

El sistema de representación en perspectiva se suele emplear en piezas o conjuntos mecánicos sencillos que contengan pocas cotas.

Entre los sistemas de representación más importantes se encuentran:

Perspectiva caballera

El sistema de representación en perspectiva caballera consta de tres ejes (Z, Y, X) que se cortan y coinciden en un punto, dando lugar a tres planos.

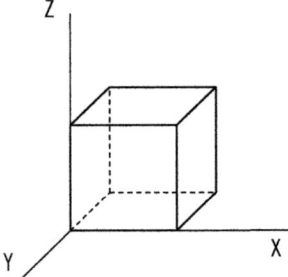

Representación de un cubo en persperctiva caballera

Entre los ejes Z, X se forma un plano sobre el cual queda representado al alzado de la pieza u objeto.

Para que el dibujo quede en perspectiva, el objeto se representa en profundidad trazando líneas paralelas al eje Y.

Este eje Y se encuentra con una inclinación de 135º respecto a los ejes Z y X.

A las líneas trazadas de forma paralela al eje Y, las cuales determinan la profundidad de la pieza, se les debe de aplicar un coeficiente de reducción. El motivo es conseguir la sensación de perspectiva.

La **perspectiva caballera** también es conocida como **método de perspectiva rápida,** debido a que ofrece la ventaja de no deformar los elementos paralelos al plano definido por los ejes X y Z.

Este tipo de proyección es frecuentemente utilizado debido a su facilidad de ejecución, aunque el resultado final no es muy satisfactorio si queremos representar piezas complejas con gran diversidad de cotas.

El sistema axonométrico

La proyección axonométrico se utiliza fundamentalmente cuando se quiere obtener una idea tridimensional de un objeto sobre un plano de dibujo.

Proyección isométrica

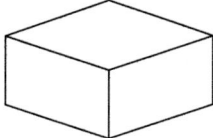

En este sistema de representación, los ejes forman ángulos de más de 90º. Dependiendo de la variación de los ángulos de los ejes se pueden definir tres tipos de sistemas axonométricos:

Perspectiva axonométrica isométrica

Los tres ejes forman ángulos iguales a 120º. La reducción que sufre la representación es igual en todos los ejes, es decir, se emplea el mismo coeficiente de reducción para cada eje, el cual tiene un valor aproximado de 0,816. Se utiliza en aquellas representaciones en las que conviene mostrar detalles importantes en las tres vistas de la pieza.

Proyección isométrica

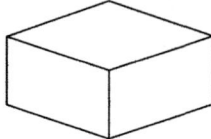

Perspectiva axonométrica dimétrica

Este sistema de representación utiliza dos ejes que forman dos ángulos iguales y un eje que forma un ángulo diferente. En este sistema hay dos reducciones diferentes, o dicho de otra forma, se emplea un coeficiente de reducción para los dos ejes con ángulos iguales y otro coeficiente de reducción para el eje que tiene el ángulo distinto. Este sistema se utiliza para representar detalles importantes en solo una de las tres vistas.

Proyección dimétrica

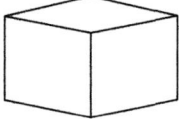

Perspectiva axonométrica trimétrica

Este sistema de representación se caracteriza por tener tres ángulos diferentes en los tres ejes. La reducción es diferente en cada una de las vistas, es decir, se emplean tres coeficientes de reducción distintos.

Proyección trimétrica

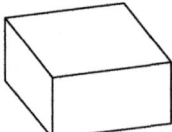

Para representar una pieza u objeto, es conveniente revisar sus diferentes vistas para poder decidir cuál de las tres proyecciones mencionadas anteriormente es la más adecuada o la mejor representada en el plano.

Una vez decidido qué tipo de sistema de proyección va a utilizar, en primer lugar se elige la inclinación de los ejes en función de la pieza y después se trazan paralelas y perpendiculares a los ejes hasta que la pieza quede completamente definida.

Representación de una pieza con el sistema isométrico

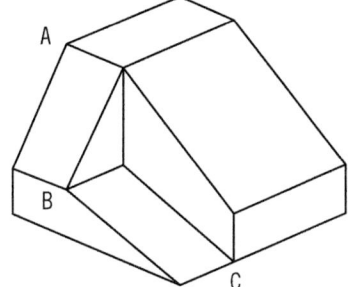

3.3. Cortes y secciones

No siempre son suficientes las tres o más vistas de una pieza para representarla completamente. En toda proyección se pueden representar las líneas ocultas con líneas de trazos para representar partes internas de una pieza, pero si estas son demasiado numerosas o tienen una disposición muy compleja pueden originar confusión en el dibujo en vez de facilitar su comprensión.

Los cortes se utilizan para facilitar la compresión de los objetos mostrando su interior, una vez son eliminadas de la representación aquellas partes que lo ocultan al observador. Con este sistema se evita el tener que representar aristas mediante líneas ocultas difíciles de realizar en piezas complejas. Por lo tanto, en un corte no deben aparecer líneas de trazos pertenecientes a aristas ocultas, salvo casos excepcionales.

Nota

Los cortes y las secciones tienen el fin de simplificar al máximo la representación de piezas, dando lugar a una interpretación inequívoca de las características geométricas de las mismas.

En general, si una pieza es maciza no es necesario practicar un corte, este solo lo realizaremos cuando la pieza presente detalles que una vista normal no pone en evidencia.

 Nota

Las reglas a seguir para la interpretación de los cortes, secciones y roturas están recogidas en la norma ISO 128-1:2020.

La diferencia entre corte y sección está en que una **sección** es un corte imaginario de un objeto por medio de un plano perpendicular o paralelo a la superficie del dibujo, para representar la forma externa e interna del objeto; y el corte representa la totalidad de la pieza situada detrás del plano de corte.

Debido a esto, en una sección toda la superficie aparece rayada, mientras que en un corte existirán zonas rayadas y no rayadas.

Cortes y secciones

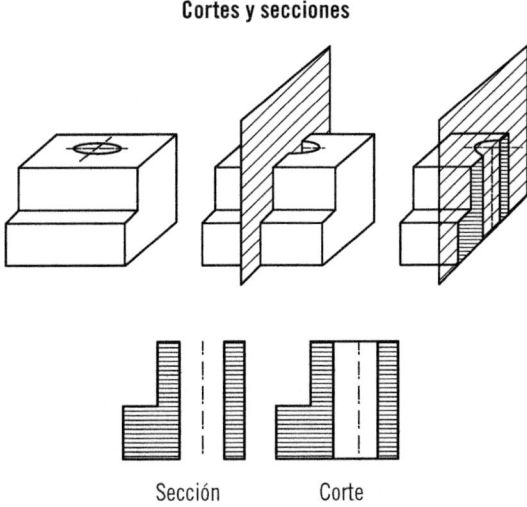

Sección   Corte

Los cortes se producen por un plano imaginario elegido convencionalmente por el dibujante. El plano secante que se elija debe permitir la mejor comprensión de la pieza.

 **Recuerde**

El corte representa la totalidad de la pieza situada detrás del plano de corte y la sección únicamente representa la parte cortada.

Proceso de realización e indicación de un corte

A la hora de representar un corte o sección en una pieza se siguen los siguientes pasos:

1. Analizar la mejor forma de simplificar la representación y sustituir las líneas ocultas por líneas de vistas, eligiendo así el corte que mejor representa la parte interior de la pieza que se va a mostrar.

2. Seleccionar el plano de corte. Este será paralelo a los planos de proyección y deberá pasar por la parte hueca de la pieza.

3. Eliminar la parte del corte resultante que queda en la parte más cercana al observador.

4. Representar la pieza u objeto resultante como consecuencia del corte.

Selección de un plano de corte

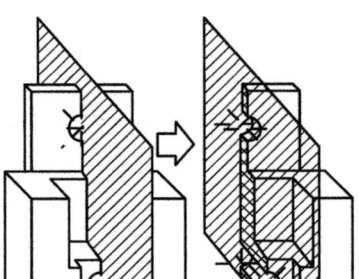

 Nota

La norma ISO no obliga a identificar un dibujo con la palabra corte o sección. No obstante, es conveniente identificarlo para una mejor comprensión.

Para que los cortes y secciones queden perfectamente definidos en la representación hay que indicar:

- La **línea de corte.** Se representa mediante una línea de trazos y puntos. Estas líneas pueden ser rectas o quebradas dependiendo de si la sección se produce por uno o más planos. Al principio y al final de la línea de corte se colocará una letra mayúscula a modo indicativo para designar el corte o sección realizada.
- La **dirección visual de la sección** se indica mediante flechas.

- La **superficie resultante de la sección** se representa mediante líneas finas continuas en forma de rayado y deben tener una inclinación de 45° respecto a la línea del eje o del contorno de la pieza. La separación entre las líneas de rayado debe ser uniforme y proporcional a la superficie que se va a representar. Estas líneas no deben sobrepasar las líneas de contorno.

Representación líneas de corte y su rayado

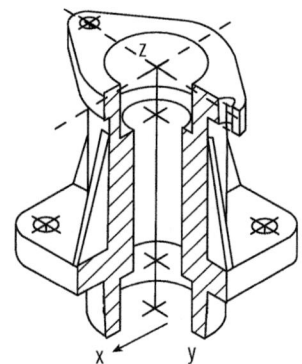

Si se trata de tres o más superficies seccionadas en una misma pieza, se diferencian en primer lugar por la dirección del rayado y posteriormente por la separación del mismo.

Rayado de una pieza con dos superficies seccionadas

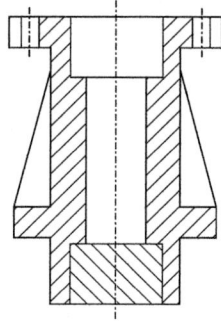

Aplicación práctica

Teniendo en cuenta la siguiente ilustración de una pieza, realice y represente un corte que seccione su vista frontal por la mitad.

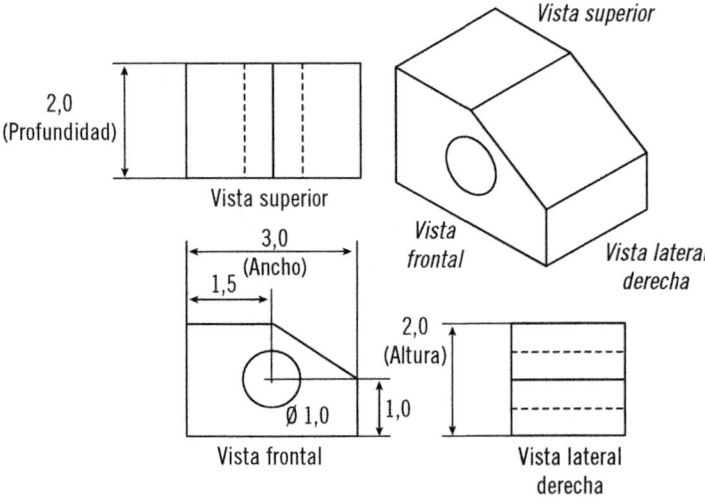

SOLUCIÓN

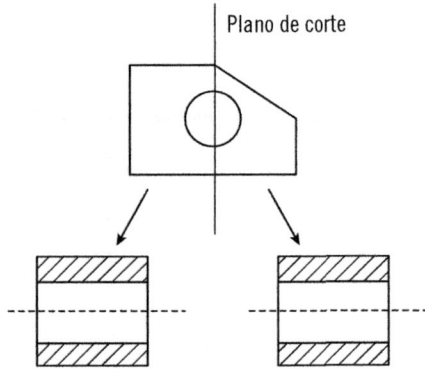

Además de lo anteriormente expuesto, hay que tener en cuenta que si la sección se hace longitudinalmente no se seccionan por convención los pernos, chavetas, husillos, cuñas, tuercas y demás partes macizas semejantes. Estas partes solo se seccionan en sentido transversal.

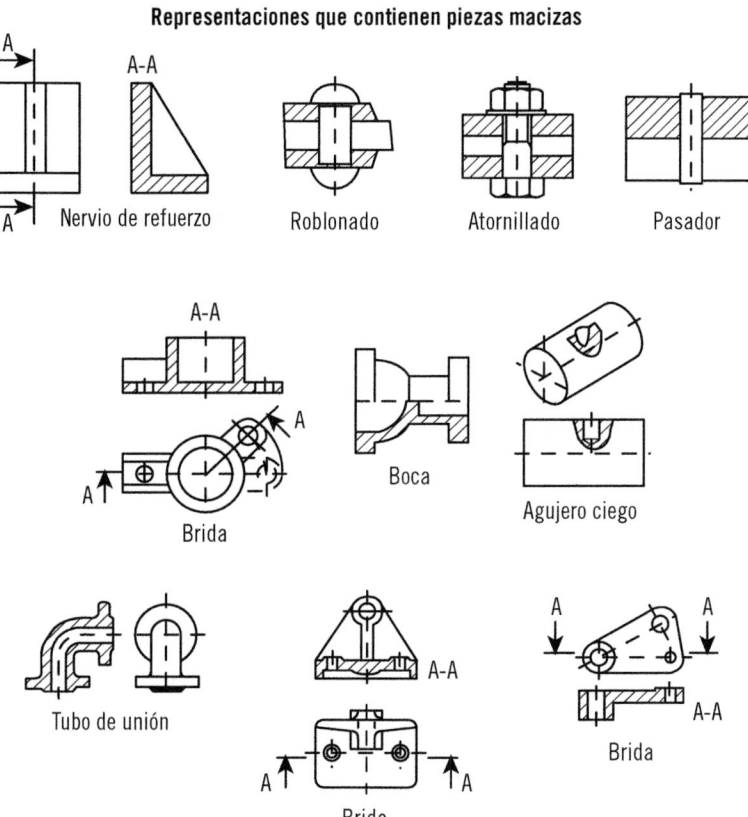

Representaciones que contienen piezas macizas

Tipos de cortes más usuales

El tipo de corte a realizar dependerá de la forma y partes de la pieza que se quiera representar.

Corte total

Es el que se realiza por medio de un plano cortante que secciona toda la pieza. El plano de corte puede ser paralelo a cualquiera de los tres planos vertical, horizontal o de perfil.

Ejemplo de representación de un corte total

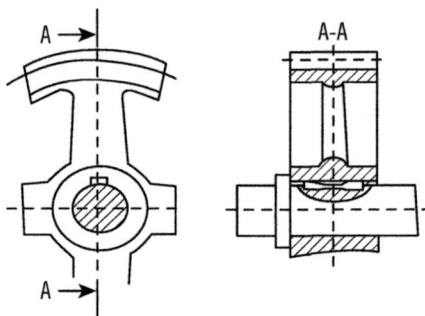

Semicorte

Consiste en la representación de una parte de la pieza cortada y la otra sin cortar. Se emplea en piezas simétricas y normalmente se representa con una sola vista, ya que es fácil imaginar las superficies interiores y exteriores. Las partes exterior e interior del corte deben estar separadas por un eje de simetría. Cuando coincida una arista con el eje de simetría predominará la arista sobre el eje.

Ejemplo de representación de un semicorte

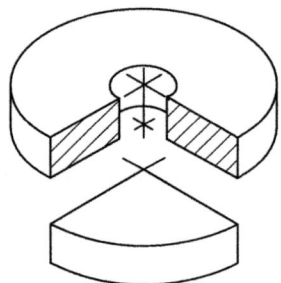

Corte parcial

Se utiliza para representar pequeñas formas o detalles ocultos de una pieza que se encuentra muy localizada en una parte de la misma y no es necesario realizar un corte total. En la representación, una vez seccionada la parte deseada se interrumpe el dibujo mediante una línea fina continua e irregular trazada a mano.

Representación de un corte parcial

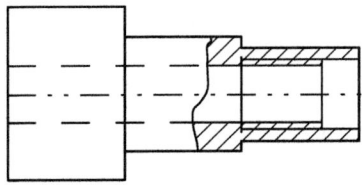

Tipos de corte

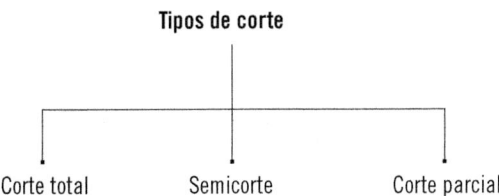

Corte total   Semicorte   Corte parcial

Tipos de secciones más usuales

En las secciones se representa únicamente la parte de contacto entre la pieza y el plano de corte.

Secciones sin desplazamiento

Consiste en representar la sección tal y como se ha realizado en la pieza. Al igual que en los cortes, la parte de la pieza seccionada se rayará de igual forma como si de un corte se tratara. Se debe dibujar el contorno de la sección con línea fina continua. Este tipo de sección no precisa indicación alguna.

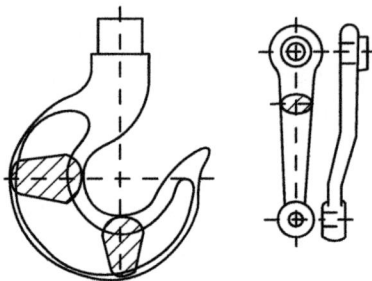

Secciones con desplazamiento

La sección desplazada puede colocarse de cualquiera de las dos formas siguientes:

■ En su posición de proyección normal próxima a la vista y unida a ella mediante una línea fina de trazos y puntos.
■ En una posición diferente identificándose de forma convencional.

Representación de secciones con desplazamiento

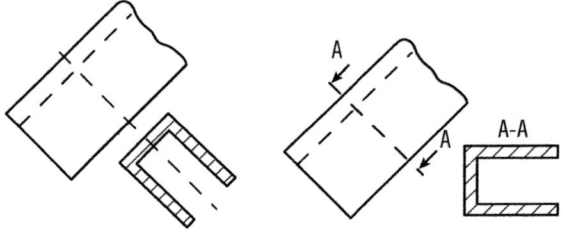

Secciones sucesivas

Son secciones abatidas con desplazamiento, pero dispuestas de forma que se puede realizar la sección a lo largo de un eje, a lo largo de un plano de corte o desplazadas en una posición cualquiera.

Representación de secciones sucesivas

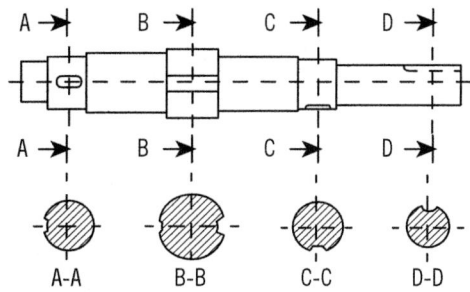

Tipos de secciones

Roturas

Cuando se va a representar un objeto largo y uniforme, con el fin de reducir tiempo y espacio, se puede emplear una rotura. Se suprime la parte central de la pieza o la que es menos representativa de ella y se dibujan exclusivamente sus extremos y partes imprescindibles para conocer su forma.

 Definición

Rotura
Línea que delimita las partes suprimidas.

Las líneas de roturas se indican mediante una línea fina a mano alzada y ligeramente curvada.

Representación de roturas

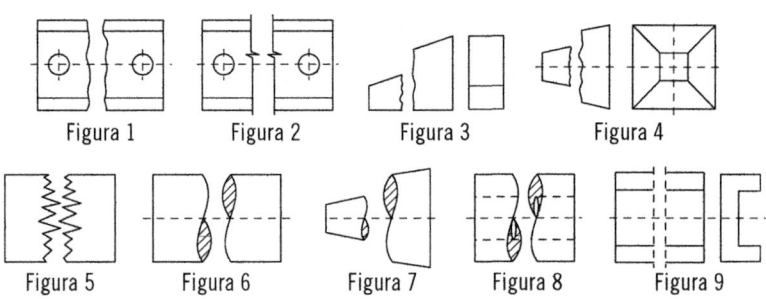

| Figura 1 | Figura 2 | Figura 3 | Figura 4 |

| Figura 5 | Figura 6 | Figura 7 | Figura 8 | Figura 9 |

3.4. Croquizado y acotado

El croquis es la primera y más sencilla actividad de la representación de una pieza ya fabricada, para enviarlo, por ejemplo, al taller para la fabricación de otras piezas iguales.

 Definición

Croquis
Dibujo realizado a mano alzada, que contiene información sobre las dimensiones y la forma del objeto, cuya finalidad es servir de soporte a futuros planos.

Como norma general, los croquis no se suelen dibujar a escala, pero sí guardan cierta relación proporcional con la pieza a representar. Sin embargo, cuando se traten de piezas voluminosas deberán representarse más pequeñas, y, por el contrario, la piezas de tamaño reducido deberán representarse a un tamaño mayor, con el fin de que sean más comprensibles sus detalles y formas.

Para la realización de un croquis este se hará eligiendo las vistas directamente de una pieza o representando la pieza imaginariamente, si es para un proceso de fabricación.

El croquis se puede trazar con más facilidad sobre papel milimetrado, ya que ayuda a la representación a mano alzada a la hora de calcular las dimensiones de una pieza o de realizar el cálculo de una escala.

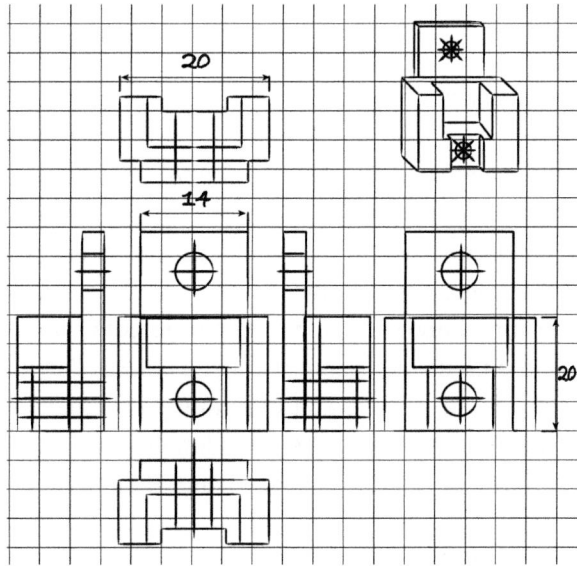

Al trazar un croquis se deben tener en cuenta las reglas de dibujo ya señaladas en los apartados anteriores sobre las proyecciones y su disposición. Luego se completa con todas las indicaciones necesarias, si bien debe de ser limpio y claro y sin exceso de líneas para no dificultar la interpretación del mismo.

Otro aspecto importante a la hora de representar un croquis es su acotación. Para ello, se tomarán las medidas de longitud, altura, anchura, profundidades, etc., de la pieza a representar mediante los aparatos de medición necesarios. Estos se anotarán en milímetros y se representarán en el croquis mediante líneas de cota.

 **Definición**

Acotación

Es el proceso de anotar, mediante líneas, cifras, signos y símbolos, las mediadas de un objeto, sobre un dibujo previo del mismo, siguiendo una serie de reglas y convencionalismos, establecidos mediante normas.

Representación de las cotas

Las cotas se representan de la siguiente forma:

1. Mediante **líneas de cota,** que son líneas continuas finas paralelas al contorno de la pieza representada.
2. Deben llevar un **símbolo de inicio** y **final de cota,** llamados extremidades. Normalmente es una punta de flecha con un ángulo de 15°.
3. **Cifra de cota.** Es la numeración que indica el tamaño o medida de la acotación, la cual debe indicarse en milímetros.
4. **Líneas auxiliares de cota.** Son líneas que delimitan la longitud de la pieza y se trazan perpendiculares a la línea de cota, sobrepasando levemente dicha línea de cota.

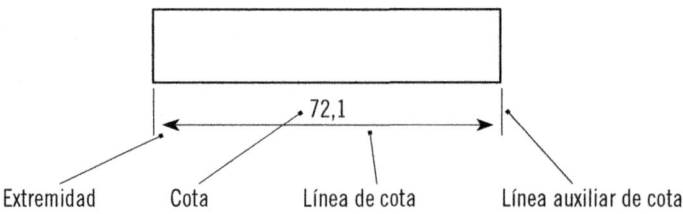

Pasos a seguir para la realización de un croquis

Son varios los pasos necesarios para realizar un croquis. A continuación, se presenta la secuencia que se ha de seguir para la elaboración del mismo.

Los pasos son:

1. Determinar las vistas necesarias para la representación del objeto.
2. Determinar el tamaño aproximado del dibujo.
3. Fijar los contornos del objeto.
4. Trazar los ejes de simetría principales y secundarios.
5. Trazar los arcos y las circunferencias comenzando por las de menor diámetro.
6. Fijar los detalles y líneas ocultas.
7. Trazar las líneas de cota y rotular.

Croquizado de una pieza

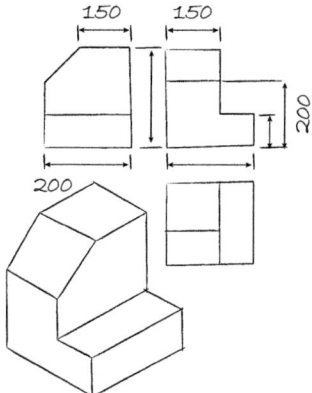

 Consejo

Se puede encerrar cada vista dentro de un cuadrado o rectángulo y se fijarán las distancias entre las vistas.

Aplicación práctica

El encargado de la planta de montaje en la que usted trabaja le indica que haga un croquis a mano alzada de una válvula de un motor para entregársela al responsable del almacén de piezas que no conoce su forma, ya que es nuevo en la empresa.

Realice el ejercicio aplicando los conocimientos adquiridos y teniendo en cuenta que las medidas reales son: altura 80 mm, vástago 8 mm, cabeza de válvula 40 mm e inclinación de asiento 45°.

SOLUCIÓN

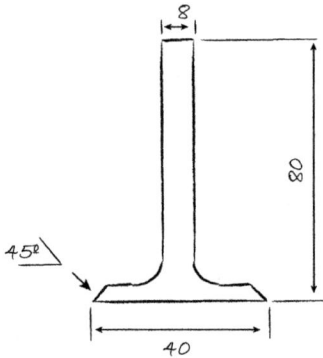

4. Interpretación de planos

En el dibujo técnico se utilizan representaciones con las vistas que mejor definen la pieza u objeto. Estos dibujos generan una imagen tridimensional para favorecer su comprensión, no obstante, en ocasiones, hay que realizar indicaciones o dibujos complementarios aclaratorios. Tanto el dibujo como las demás indicaciones deben estar normalizados de forma que dos operarios distintos tengan la misma interpretación del plano y esta sea la misma que la obtenida por un tercero, en el caso de que lo hubiese. Todo esto se realiza en un plano.

 Definición

Plano
Representación gráfica en papel y mediante símbolos de un objeto que se quiere dejar perfectamente documentado y determinado por medio del dibujo lineal.

Lógicamente, un plano tiene que reflejar la realidad mediante la representación gráfica de una forma que sea manejable para todo el personal que tenga que trabajar con él o manipularlo.

En un plano se pueden reflejar infinidad de objetos, ya sean de forma individual o de conjunto.

Un plano que represente un conjunto mecánico debe contener todos los datos necesarios para que queden fijados los siguientes aspectos:

- La forma de la pieza o el conjunto representado.
- Las medidas de las mismas.
- La situación de todos los elementos que intervienen en el conjunto, como pernos, tuercas, tornillos, chavetas, etc.
- El acabado de la superficie en caso necesario.

De los elementos que forman un plano, hay dos que tienen gran relevancia para su interpretación:

- Los **signos convencionales.** Son de tipo simbólico y se utilizan para representar elementos de un plano. Estos signos, como se ha comentado anteriormente, deben tener un "lenguaje normalizado" para que puedan ser interpretado por todos los usuarios que manipulen el plano.
- La **escala.** Es la razón de proporcionalidad que existe entre las dimensiones de un plano y la realidad.

4.1. Conjuntos y representaciones gráficas del proceso

En las operaciones de montaje de conjuntos mecánicos se emplean diferentes tipos de planos, dependiendo del fin al que están destinados y lo que en ellos se representa. Teniendo en cuenta estas indicaciones se pueden clasificar los siguientes tipos:

Plano de conjunto

Es aquel que representa la visión de un conjunto de elementos, de forma que se representan todas las piezas que lo componen. De esta forma, se puede obtener una visión de carácter general.

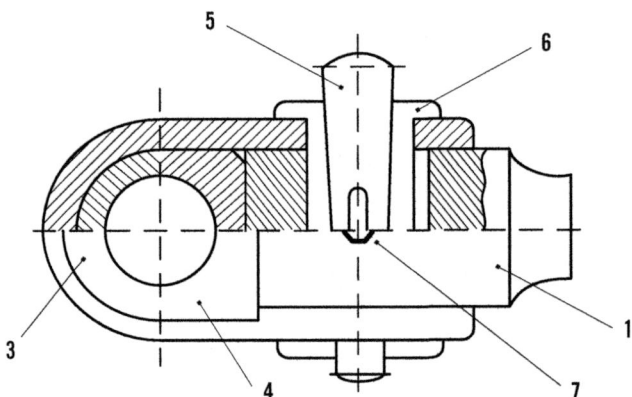

Cantidad	Denominación	Norma	Material	Marca	Medidas
1	Tornillo cabeza hexagonal	DIN 933-88		7	M7 x 28
2	Cuña de acoplamiento		F-112	6	⬛ 13 x 28 x129
1	Chaveta de ajuste		F-125	5	⬛ 13 x 28 x141
1	Casquillo de fricción		Rg7-Gz-Rg7	4	⬛ 85 x 87
1	Casquillo de fricción		Rg7-Gz-Rg7	3	○ Ø 84 x 67
1	Cabezal de biela		F-815	2	Fundición
1	Biela		F-123	1	⬛ 75 x 139
Cantidad	Denominación	Norma	Material	Marca	Medidas

Plano de detalle

Es aquel que se utiliza para representar partes o zonas complejas de un objeto. Generalmente, se utilizan escalas grandes y se emplean técnicas, como cortes o secciones para facilitar la comprensión.

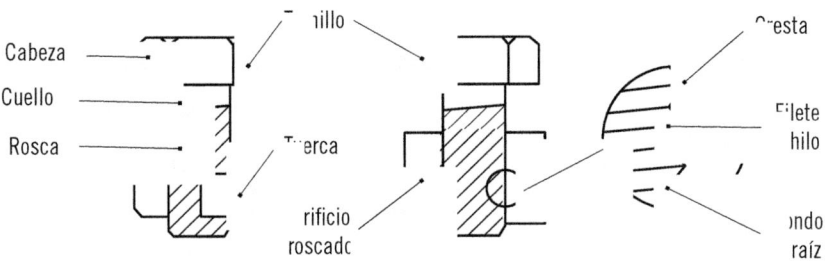

Plano de montaje

Es aquel que representa el despiece de un conjunto de forma ordenada y en perspectiva. Se suele utilizar como referencia para realizar operaciones de desmontaje y montaje.

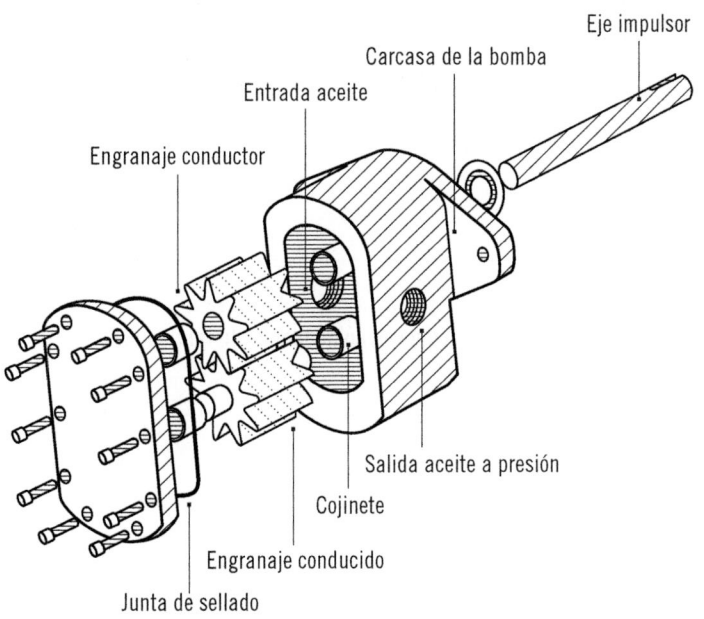

Plano de despiece

Son planos en los que se representan piezas individuales con todas las indicaciones necesarias, como nivel de acabado, tolerancias, etc., para que puedan ser interpretados en una planta de fabricación.

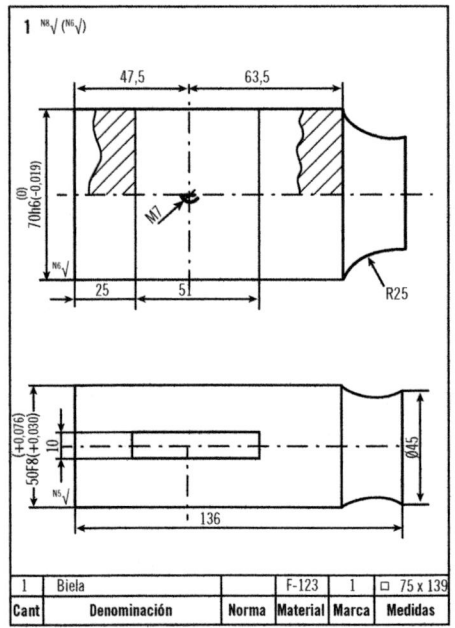

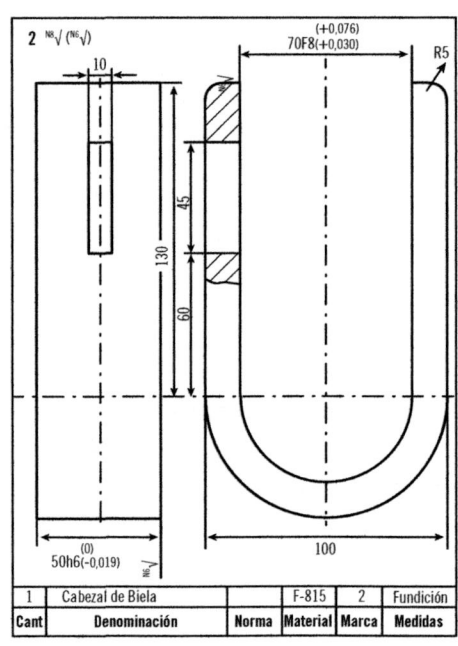

 **Nota**

Los planos de despiece también se conocen como planos de fabricación.

Para interpretar un plano hay que empezar por tener una visión general de lo que en este aparece. Si se trata de un plano de conjunto, lo primero será comprender de forma individual cada uno de los componentes del conjunto, de forma que se obtenga una correcta visión del conjunto posteriormente.

Una vez que se obtiene una idea general del plano, se puede profundizar en los diferentes elementos y su significado.

5. Normalización, tolerancias y simbología de acabados

5.1. Normalización

No basta con que un dibujo de una pieza sea claro y comprensivo para el proyectista, sino que es indispensable que su ejecución sea tal que cualquier técnico encargado de su construcción o ensamblaje pueda interpretarlo. Considerando este aspecto, el dibujo técnico se ha de representar en un "lenguaje universal" que sirva tanto para el dibujante como para los técnicos de producción.

La normalización en el dibujo técnico establece cuáles son las reglas que hay que seguir para confeccionar e interpretar un dibujo, de tal forma que personas ajenas a su elaboración puedan entenderlo. Dichas normas y reglas tienen las siguientes funciones:

- **Simplificar:** son seleccionados los modelos útiles a seguir y se suprimen los modelos innecesarios. De esta forma, se pueden simplificar los métodos de trabajo.
- **Unificar:** se fijan tamaños, tolerancias, etc., de manera que se permita la intercambiabilidad entre distintas industrias y países.
- **Especificar:** son definidos los productos y sus características para una mejor compresión e interpretación.

Los principios generales de representación del dibujo técnico industrial están recogidos en la norma ISO 128-1:2020.

Esta norma ISO 128-1:2020 regula lo referido a:

- Vistas.
- Líneas.
- Cortes y secciones.

Además, recoge los principios generales de representación.

Como estos temas de vistas, líneas, cortes y secciones se han explicado anteriormente, se va a desarrollar algunas otras normas que hacen referencia al dibujo industrial.

5.2. Formato

La norma UNE-EN ISO 5457:2000, regula el formato y la presentación de los elementos gráficos de las hojas de dibujo.

En el caso concreto de dibujos técnicos es obligado el uso de formatos de la serie A.

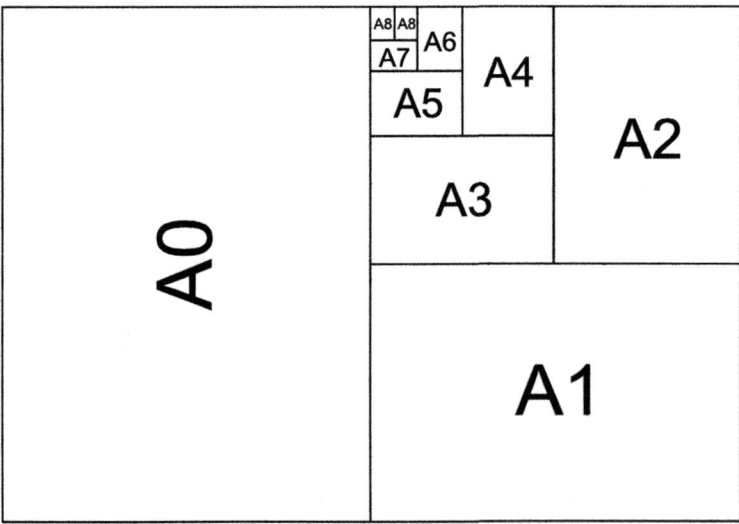

Para los márgenes se debe dibujar un rectángulo interior que delimite la zona de representación del dibujo, llamado cajetín. Este recuadro debe dejar unos márgenes según indica la norma, los cuales dependen del tamaño del papel utilizado.

Estos **márgenes** deben ser:

- Para los de tamaño A0 y A1 serán de 20 mm por los cuatro lados.
- Para los de tamaño A2, A3 y A4, el margen será de 10 mm. Si se prevé su archivo, se debe dejar un margen de 20 mm en el lado opuesto al cuadrado de rotulación, con el fin de poder perforarlo para su archivo.

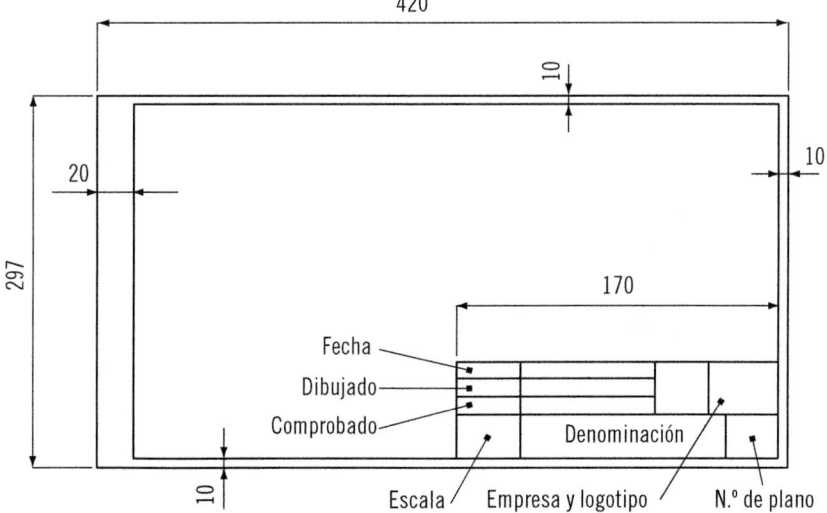

El **cuadro de rotulación** o cajetín se debe colocar en la parte inferior derecha dentro de la zona del dibujo. Debe estar orientado de igual forma que el dibujo representado. Asimismo, debe contener dos zonas:

- **Zona de identificación.** Donde se especifica el número de registro, título del dibujo y nombre del propietario. Se dispondrá en el ángulo inferior derecho y no excederá de 170 mm.

■ **Zona de información.** Se debe colocar a la izquierda o encima de la de identificación y en ella se especifican datos, como escala principal, símbolo de la proyección, etc.

Representación de un cuadro de rotulación

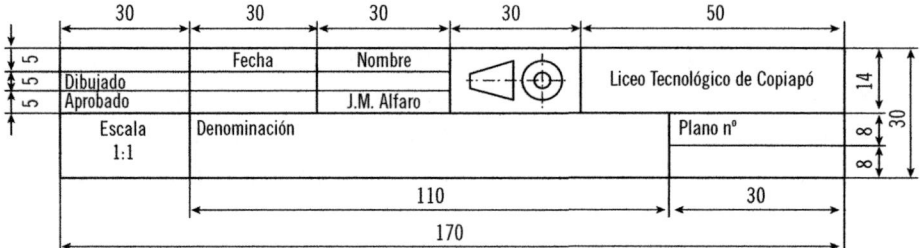

El **plegado de planos** para archivadores está regulado por la normativa UNE 1027:1995. El objetivo de esta norma es fijar unos principios generales aplicables también a otros documentos técnicos, si se considera oportuno. El plegado debe hacerse en zigzag vertical y horizontalmente hasta que quede del tamaño adecuado para su archivo.

Una vez terminado debe quedar en la parte delantera el cuadro de rotulación, con el fin de poder ser identificado más fácilmente el dibujo representado.

Formato A0 = 841 x 1189

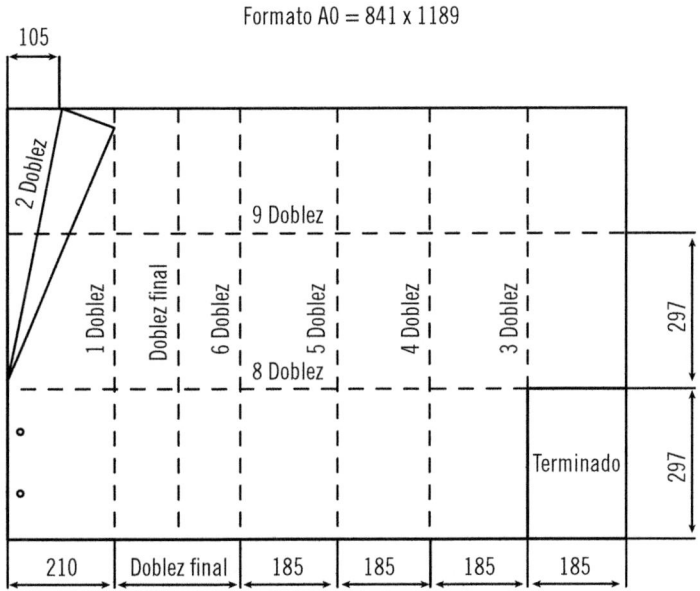

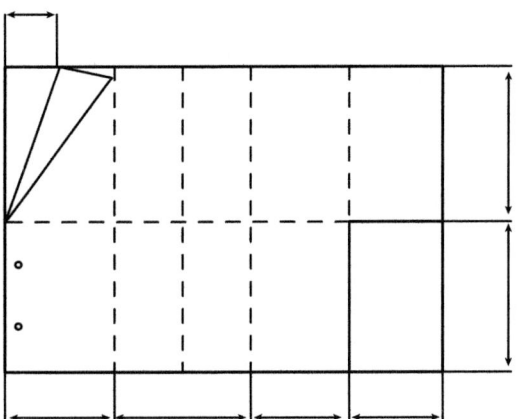

Plegado de planos

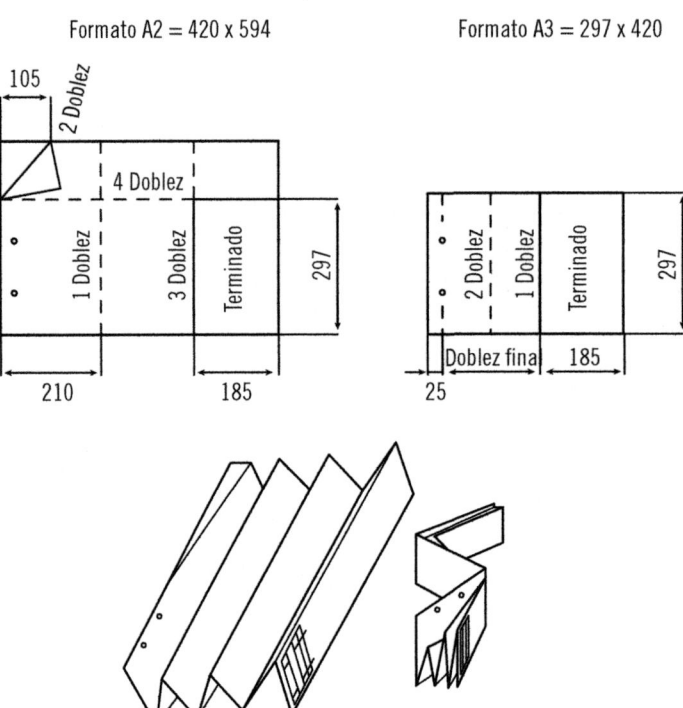

Formato A2 = 420 x 594   Formato A3 = 297 x 420

5.3. Escalas

Dependiendo del tamaño de un objeto, en ocasiones, hay que recurrir al empleo de una escala para su representación.

 Ejemplo

Si un objeto es demasiado grande y no cabe en el formato a utilizar se utiliza una escala de reducción. Si, por el contrario, el objeto es demasiado pequeño se utiliza una escala de ampliación para poder resaltar de forma más comprensiva sus detalles.

 Definición

Escala

Relación matemática que existe entre las dimensiones reales y las del dibujo que representa la realidad sobre un plano o un mapa. Es la relación de proporción que existe entre las medidas de un mapa con las originales.

Las escalas se encuentran normalizadas según especifica la norma UNE-EN ISO 5455:1996.

Dependiendo de la finalidad de la escala pueden ser:

- De **ampliación:** la dimensión del dibujo es mayor que la dimensión del objeto real.
- De **reducción:** la dimensión del dibujo es menor que la dimensión del objeto real.
- **Natural:** se dibuja el objeto tal cual es su tamaño. Es el más aconsejado, ya que representa al objeto tal y como es en realidad.

Generalmente, se deben utilizar escalas normalizadas. En la siguiente tabla se incluyen algunas de ellas:

Categoría	Escalas recomendadas
Escalas de ampliación	50:1 20:1 10:1 5:1 2:1
Tamaño natural	1:1
Escalas de reducción	1:2 1:5 1:10 1:20 1:50 1:100 1:200 1:500 1:1000 1:2000 1:5000 1:10000

Aplicación práctica

A continuación, se muestra un dibujo a escala real, a partir de él dibuje uno a escala de ampliación y otro a escala de reducción.

Imagen real

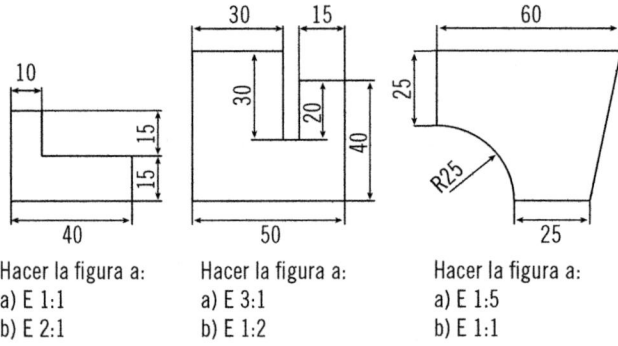

Hacer la figura a:
a) E 1:1
b) E 2:1

Hacer la figura a:
a) E 3:1
b) E 1:2

Hacer la figura a:
a) E 1:5
b) E 1:1

SOLUCIÓN

Imagen a escala de ampliación

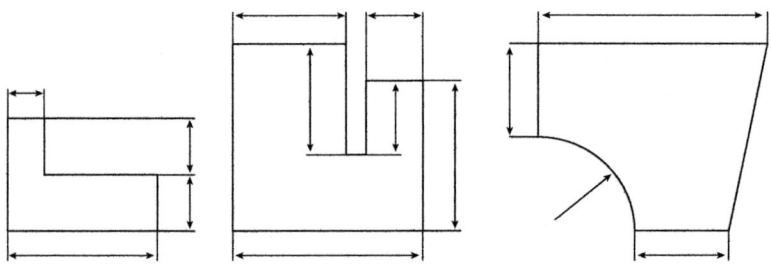

Continúa en página siguiente >>

<< Viene de página anterior

Imagen a escala de reducción

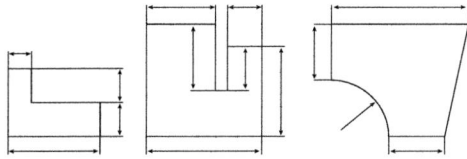

5.4. Tolerancias

Cualquier máquina, desde la más simple a la más precisa y compleja, está compuesta de piezas mecánicas ensambladas entre sí. Dependiendo del tipo de unión que estas piezas tengan pueden ser:

- De tipo fijo, en las que no existe margen de movimiento alguno.
- De tipo móvil, en las que se permite el movimiento o engranaje de unas con otras. En tal caso, existe un margen o tolerancia entre dichas piezas.

Definición

Tolerancia de fabricación
Cantidad total que se permite variar en la fabricación de una pieza respecto de lo indicado en el plano.

A continuación, se mencionan varios conceptos y definiciones sobre medidas y tolerancias que se aplican al dibujo industrial de fabricación mecánica:

- **Medidas límites:** son las medidas extremas (ambas inclusive), teniendo en cuenta su tolerancia de fabricación que puede admitir una pieza.
- **Distancia o medida máxima (D máx):** es la mayor de las medidas límites.
- **Distancia o medida mínima (D mín):** es la menor de las medidas límites.
- **Tolerancia T:** es la diferencia entre la medida máxima y mínima admisible.

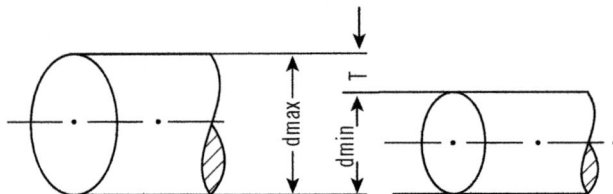

- **Medida nominal:** se emplea con fines de identificación, generalmente suelen ser números enteros.
- **Línea de referencia o línea 0:** es la medida que corresponde a la medida nominal y, por tanto, su diferencia es 0.
- **Medida práctica real o efectiva (Mr):** es la medida resultante de la medición de la pieza a una temperatura de 20 °C.
- **Desviación superior (DS):** es la diferencia entre la medida máxima y la medida nominal.
- **Desviación inferior (Di):** es la diferencia entre la medida mínima y la medida nominal.

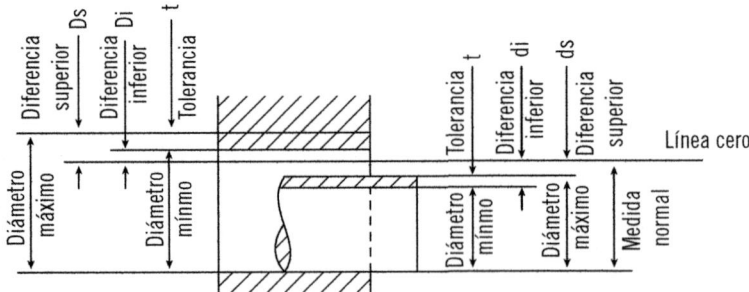

■ **Zona de tolerancia:** es la superficie comprendida entre las líneas de contorno de la medida máxima y la medida mínima.

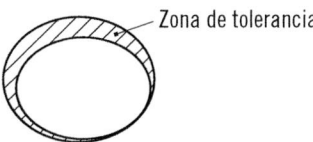

Zona de tolerancia

■ **Ajuste:** es el juego que existe entre el acoplamiento de dos piezas.

Formas de indicación de las tolerancias

La unidad para indicar una tolerancia siempre será la misma que designe su cota nominal y su desviación debe expresarse con los mismos números decimales.

Cotas lineales

Para indicar una tolerancia esta tiene que comprender los valores de la cota nominal más su desviación (Fig. a). En el caso de que una desviación sea igual a 0 se indicará igual a la (Fig. b). Y en el caso de que la desviación coincida tanto positiva como negativamente se indicará con el signo ± según indica la (Fig. c).

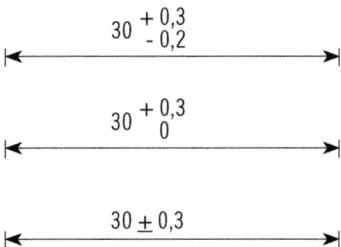

Además de la forma anteriormente descrita, se pueden indicar las tolerancias insertando las medidas límites tanto superior como inferior de la cota nominal (Fig. a) y limitando la medida de la magnitud en un sentido, bien puede ser un valor máximo o mínimo (Fig. b).

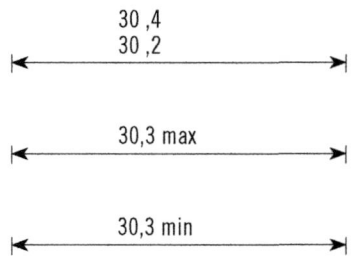

Cotas angulares

Se representan utilizando las mismas reglas que se emplean en las cotas lineales, a excepción de que hay que indicar la medida empleada que como norma general son minutos, segundos o décimas de grado.

Ejemplo de representación de cotas angulares

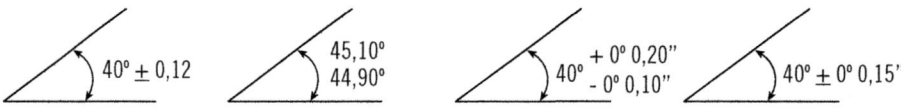

Sistema de indicación ISO

El sistema ISO para la indicación de las tolerancias lineales está recogido en la norma UNE-EN ISO 286-1:2011.

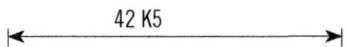

En la nomenclatura se utiliza dos símbolos cada uno con una determinada función. La primera numeración representa la medida nominal; el segundo símbolo es la letra que indica la posición de la zona de tolerancia respecto a la línea 0; el tercer número indica la calidad de la tolerancia.

$$42 \; K5 \; \binom{50.000}{49.963}$$

Cuando se necesario indicar los valores de las diferencias o las medidas límites para una mayor claridad, se pondrán entre paréntesis después de la simbología ISO.

Indicación de la tolerancia de un conjunto

La indicación de la tolerancia de un conjunto está recogida en la norma UNE 1120:1996. La utilización de los símbolos ISO se puede representar de dos formas tal y como indican las figuras.

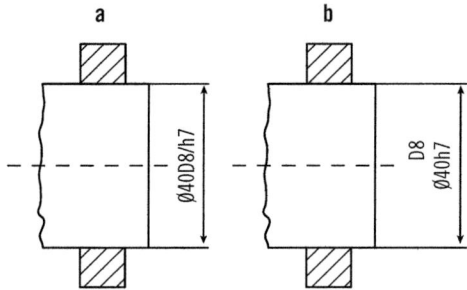

Cuando sea necesario indicar los valores de las desviaciones para mayor claridad de la representación, estos se harán entre paréntesis.

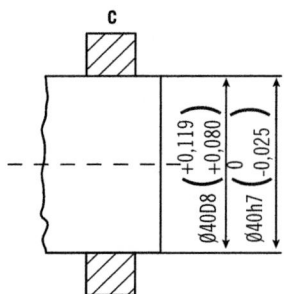

Para la representación de la tolerancia del conjunto **sin los símbolos ISO** se puede realizar de forma que quede bien diferenciada la cota correspondiente al agujero y la cota correspondiente al eje.

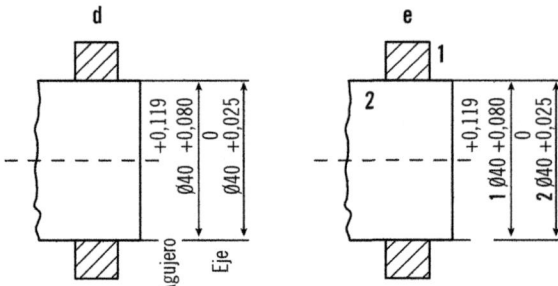

5.5. Simbología de acabados

El **acabado** es un proceso empleado en la fabricación mecánica, cuyo fin es obtener una terminación en la superficie de un producto con unas determinadas características. Mediante el acabado se pueden conseguir superficies lisas, rugosas, etc. o incluso ajustar las dimensiones de las piezas para que cumplan con las cotas de dimensión requeridas a través de técnicas como el rectificado.

Acabado superficial

 Ejemplo

Se puede llevar a cabo un proceso de rectificado del asiento de una válvula para conseguir que encaje perfectamente en la culata de un motor.

El acabado de una pieza se puede realizar por motivos estéticos, de limpieza, protección anticorrosiva y tratamientos superficiales entre otros.

Si se analiza la textura de una superficie se pueden encontrar rasgos de su estado, como de rugosidad, ondulaciones, orientaciones surgidas a causa de un mecanizado. Estos tipos de estados superficiales se indican en el dibujo técnico.

Para la indicación de la rugosidad se emplean símbolos parecidos al de la raíz cuadrada.

En ellos, mediante una numeración en la parte superior, se definirá:

- Desde una **superficie muy rugosa,** como puede ser la resultante de un corte abrasivo con una radial (numeración 12,5).

$$R_a \quad \underline{\quad 12,5 \quad}$$
$$\sqrt{}$$

- Hasta un **estado superficial de abrillantado** o **pulido** (numeración 0,1).

$$R_a \quad \underline{\quad 0,1 \quad}$$
$$\sqrt{}$$

Indicaciones en el dibujo técnico industrial

Vistos los diferentes tipos de superficies y rugosidades que existen, en los dibujos de fabricación, hay que especificar el estado superficial o el grado de acabado de la pieza representada; en caso de que se trate de un conjunto, será imprescindible indicar las tolerancias correspondientes para que pueda obtenerse el correspondiente ensamblaje entre las piezas.

Para llevar a buen fin un proyecto de fabricación de una pieza se debe tener en cuenta la forma, dimensiones, tipo de superficie, tolerancias y ajustes, en el caso que sean necesarios.

Para la representación en el dibujo hay que indicar el estado superficial. Dicho estado se representa mediante símbolos que indican las clases de superficies y sus propiedades dependiendo del trabajo que va a desempeñar.

 Nota

Los signos de mecanizado no indican las sobremedidas de una pieza para su fabricación.

En la norma UNE 1037:1983 se regula el procedimiento para la indicación del estado superficial de las piezas. Dicha norma recoge, entre otras, los siguientes puntos:

- Clases de superficies.
- Calidades de las superficies.
- Irregularidades superficiales, su rugosidad y ondulación.
- Símbolos empleados.
- Indicaciones escritas en la representación gráfica.
- Procedimientos de trabajo para obtener el estado superficial.

El símbolo general o básico que contempla esta norma está formado por dos trazos desiguales con una inclinación de 60° respecto a la superficie especificada. (Fig. 1).

Si el mecanizado de una superficie se debe ejecutar mediante arranque de virutas se añadirá al símbolo un trazado horizontal. (Fig. 2).

En el caso contrario, en el que el mecanizado se realice de forma distinta al arranque de virutas, tendrá que añadirse al símbolo base un pequeño círculo.

Si se utiliza en dibujos de fases de mecanizado indica que la superficie se quedará con la terminación de la fase anterior. (Fig. 3).

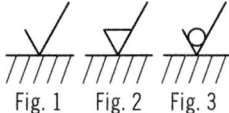

Fig. 1   Fig. 2   Fig. 3

En el caso que se tengan que indicar características especiales sobre el estado superficial, se indicarán de la siguiente forma:

- a. Valor de la rugosidad o número de grado de la rugosidad.
- b. Proceso de fabricación, tratamiento o recubrimiento.
- c. Longitud básica o de muestreo.
- d. Dirección de las estrías del mecanizado.
- e. Sobremedida para su mecanizado.
- f. Otros parámetros de rugosidad. Estos se expresarán entre paréntesis.

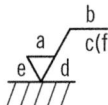

En el dibujo técnico mecánico también está normalizado la forma de indicar los diferentes tipos de superficies dependiendo de su aspecto. Estos pueden ser superficies: en bruto, mecanizadas, y tratadas.

- **En bruto:** es el tipo de superficie resultante directamente de la fabricación, es decir, no tiene ningún tipo de tratamiento. Este tipo de superficie no necesita indicación alguna en el dibujo industrial, no obstante en el caso que se necesite una atención especial en el acabado se indicará mediante el siguiente signo: ~ (símbolo de aproximado).
- **Mecanizadas:** es la superficie conseguida mediante un proceso de mecanizado. En el caso que sea mediante arranque de virutas, como puede ser un torneado, se representará mediante triángulos, dependiendo del grado de calidad superficial.

Valor de la rugosidad		Clase de rugosidad	Signo de mecanizado equivalente (antiguo)
μm	μin		
50	2.000	N 12	~
25	1.000	N 11	
12,5	500	N 10	▽
6,3	250	N 9	
3,2	125	N 8	▽▽
1,6	63	N 7	
0,8	32	N 6	▽▽▽
0,4	16	N 5	
0,2	8	N 4	▽▽▽▽
0,1	4	N 3	
0,05	2	N 2	
0,025	1	N 1	

Si se trata de un mecanizado especial, como puede ser un fresado, se debe indicar en el dibujo, tal y como indica la siguiente ilustración.

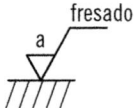

- **Tratadas:** es la superficie mecanizada que además necesita de unas propiedades particulares o una apariencia externa, como, por ejemplo, un cromado. En tal caso, se indicará como indica la figura.

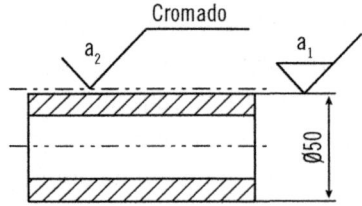

Aplicación práctica

El encargado del taller en el que se encuentra trabajando le indica que realice de la siguiente pieza una representación gráfica de la vista que mejor la defina e identifique mediante los símbolos correspondientes su tipo de superficie. Tenga en cuenta que el acabado es pulido.

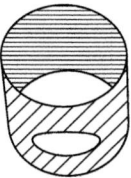

SOLUCIÓN

La imagen debe de ser similar a la siguiente, todo dependerá de la vista que usted elija.

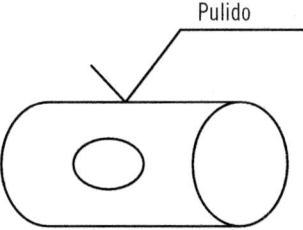

Pulido

---

6. Aplicación de instrucciones en la realización de operaciones de montaje

Teniendo en cuenta todo lo desarrollado en los apartados anteriores, en un proceso de montaje de un conjunto mecánico se emplearán manuales con las instrucciones necesarias que indicarán los pasos a seguir para poder realizar el ensamblaje de las piezas de forma ordenada y satisfactoria.

Cuando se tenga que realizar un proceso de montaje de un conjunto mecánico, en primer lugar se identificará el manual del conjunto con el que se va a trabajar. Una vez se tenga el manual se seguirán los pasos que se indican en él.

De carácter general, en los manuales se indican mensajes y avisos para advertir de determinadas circunstancias como, por ejemplo, los siguientes:

Pantalla	Significado
⚠ ADVERTENCIA	Ignorando o desatendiendo a este aviso puede llevar al peligro de muerte o lesión seria.
⚠ CAUTELA	Ignorando desatendiendo a este aviso puede llevar a lesión personal o daño físico.
AVISOS DE SEGURIDAD	
⚠ **ADVERTENCIA**	Hay un riesgo de fuego, choque eléctrico o daño físico si usted intenta desmontar o reparar el instrumento.

En otras ocasiones, se emplean otros mensajes y recursos de carácter específico. Estos pueden ser muy variados, por lo que se van a desarrollar algunos en los ejemplos siguientes.

A continuación, se muestra un ejemplo de instrucciones a seguir de un manual de montaje de piñones mecánicos.

Desarmar y armar el árbol primario (F23)

Nota: si se aprecian daños en los piñones de las marchas, habrá que reemplazar el ......
árbol por completo.

Los juegos de reparación correspondientes para los elementos de sincronización se pueden adquirir a través del área de "Servicio".

Vista de conjunto del árbol principal

Desmontar, desacoplar

1. Desmontar el árbol principal
   Advertencia: son necesarias elevadas fuerzas de presión.
   Tener en cuenta el manual de instrucciones de la prensa de taller.
2. Desacoplar el piñón de la 4.ª marcha con **KM-6220** (1). **KM-6223-1** (2)
   y **KM-6223-2** (3) del árbol principal

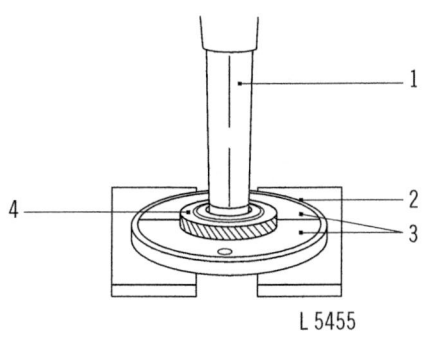

L 5455

En este ejemplo, en las instrucciones indicadas, se pueden apreciar los siguientes detalles:

- **Notas aclaratorias.** Generalmente se representan de otro color para llamar la atención del operario.
- **Advertencias.** Suelen alertar de riesgos y peligros que pueden ocasionar daños.
- **Indicaciones.** En el ejemplo anterior aparecen las descripciones KM-6220 y KM-6223 resaltadas en negrita. Estas indicaciones hacen referencia al tipo de utillaje que hace falta para realizar esta operación.

■ En lo que a **representación gráfica** se refiere, se utiliza un plano con una vista general del conjunto y unas líneas de cota con un número que identifican las piezas que explica el proceso.

Importante

La bola (1) y la pieza deslizante (2) se hallan bajo tensión de muelle.
Al desmontar el manguito de conexión (4), procurar que no se pierdan la bola, la pieza deslizante y el muelle (3).
8. Desacoplar el manguito de conexión (4) del sincronizador

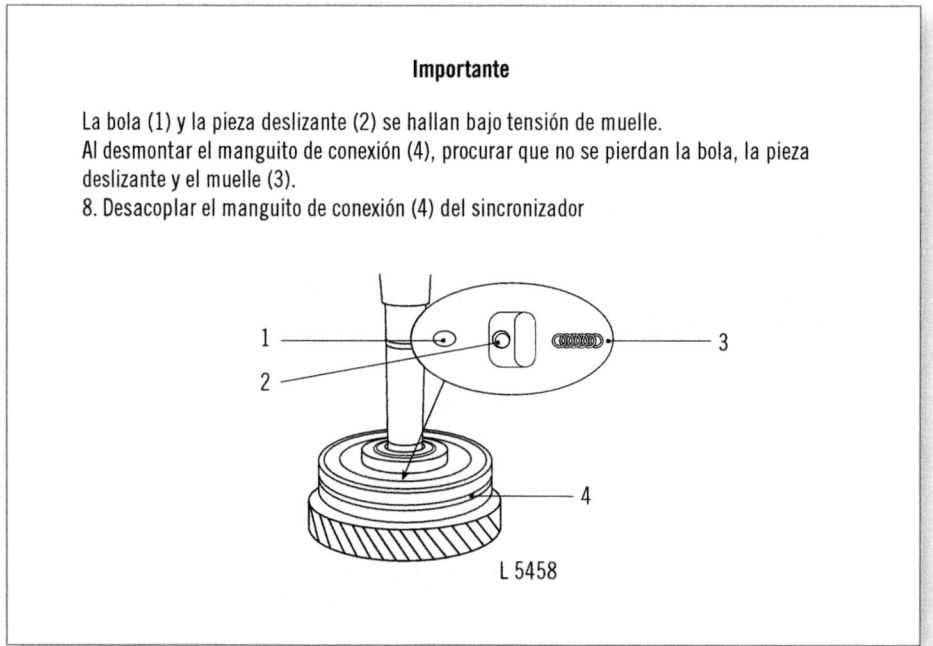

L 5458

En este ejemplo, se aprecian las siguientes indicaciones:

■ **Nota importante.** Está indicada en rojo para llamar la atención. En este caso, indica un aviso para que el trabajador tenga en cuenta una determinada circunstancia.

■ En lo que a **representación gráfica** se refiere, se utiliza una vista general del conjunto ensamblado y se recurre a una representación de un detalle a escala de ampliación para una mejor comprensión.

Aplicación práctica

El encargado del taller en el que se encuentra trabajando le indica que realice la interpretación del siguiente plano para poder realizar el montaje del conjunto. ¿Qué indicaciones se pueden interpretar?

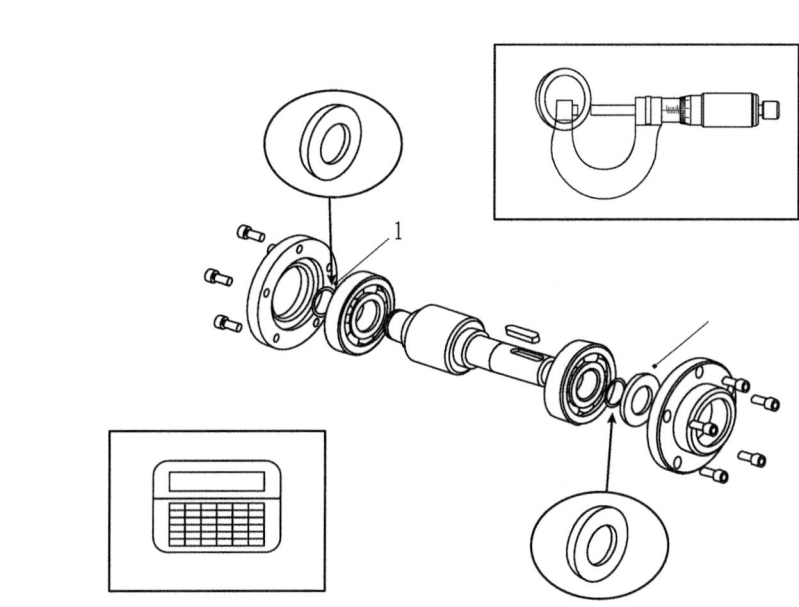

Determinar la medida real de las arandelas de compensación (2)

Medida diferencial	Arandela de compensación				Arandela de compensación (lado carcasa embrague)			
-0,25 mm	Antigua	0,90 mm	Nueva	0,65 mm	Antigua	0,75 mm	Nueva	1,00 mm
+0,20 mm	Antigua	0,90 mm	Nueva	1,10 mm	Antigua	0,75 mm	Nueva	0,55 mm
+0,13 mm	Antigua	0,90 mm	Nueva	1,05 mm	Antigua	0,75 mm	Nueva	0,60 mm
+0,12 mm	Antigua	0,90 mm	Nueva	1,00 mm	Antigua	0,75 mm	Nueva	0,65 mm

Nota: En el ajuste, las arandelas de compensación deberán elgirse de tal forma que se consiga la tolerancia más pequeña posible

Continúa en página siguiente >>

<< Viene de página anterior

SOLUCIÓN

Las indicaciones que se pueden interpretar son:

- Se utiliza un plano de montaje, en el que se indica la disposición de las piezas junto con un plano en detalle para identificar una pieza del conjunto.
- Mediante representaciones gráficas, se puede interpretar que hay que realizar mediciones con un micrómetro y que hay que calcular un valor para una arandela de reglaje.
- También incluye una tabla con las medidas de las arandelas de reglaje que se pueden necesitar.

A continuación, se presenta otro caso de un apriete de una culata de un motor.

Esta operación se realiza en 2 etapas.

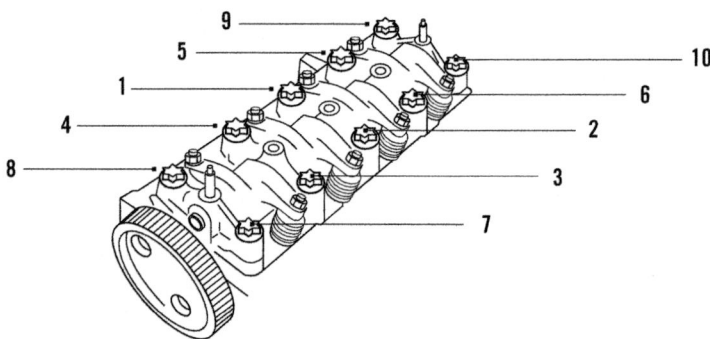

Proceder tornillo por tornillo en el orden indicado:

- 1º apriete previo: 3 mdaN
- 2º apriete angular a 150°

En este ejemplo se aprecian las siguientes indicaciones:

■ Existe una representación gráfica en perspectiva donde resalta en color rojo los tornillos y orden en el que tienen que apretarse.
■ Indicaciones de cómo hay que realizar el apriete. En este caso hay dos etapas, uno con un apriete previo y otro con un apriete angular.

7. Resumen

En las operaciones de montaje se emplea documentación técnica que explica el proceso e indicaciones a seguir.

Gran parte de ellas está comprendida por dibujos técnicos que utilizan técnicas normalizadas, como cortes, vistas, líneas, croquis etc., para la representación de piezas o conjuntos en los planos de montaje.

Igualmente, en estos dibujos se indican todos los datos correspondientes a la pieza o conjunto representado, como estado superficial, nivel de acabado o tolerancias.

Estos sistemas están normalizados para que cualquier trabajador que utilice el plano, desde el que lo diseña hasta el que realiza el montaje de los conjuntos, interprete la misma información.

Ejercicios de repaso y autoevaluación

1. **¿Está normalizado el dibujo técnico?**

   a. Sí.
   b. No.
   c. Sí, cuando representan objetos en un plano.
   d. Sí, en los casos en los que se utilicen símbolos.

2. **¿Para qué se utilizan las líneas de trazos?**

   a. Son empleadas para representar las aristas y los contornos interiores no visibles de una pieza.
   b. Se utilizan para la representación de ejes.
   c. Se emplean en aristas y contornos visibles.
   d. Se pueden emplear de cualquier forma, siempre que su grosor sea superior a 0,3 mm.

3. **Generalmente, ¿con qué vista queda definida por completo una pieza?**

   a. La vista de alzado.
   b. La vista de planta.
   c. La vista de perfil.
   d. Todas las opciones son correctas.

4. **¿En qué método de proyección el objeto se encuentra entre el observador y el plano de proyección?**

   a. En el método de proyección del Primer Diedro o Sistema Europeo.
   b. En el método de proyección del Tercer Diedro o Sistema Americano.

5. ¿En qué consiste un semicorte?

a. Consiste en realizar un plano cortante que secciona toda la pieza.

b. Consiste en una técnica para representar pequeños detalles de una pieza.

c. Consiste en la representación de una parte de la pieza cortada y la otra sin cortar.

d. Es una forma de representar una rotura para piezas de gran tamaño.

6. ¿Qué es un croquis?

a. Es un plano en el que se incluyen varias piezas.

b. Es un dibujo técnico que contiene las indicaciones de tolerancia a mano alzada.

c. Es un plano que contiene una visión de un conjunto junto con otras en detalle.

d. Es una representación de una pieza u objeto realizado a mano alzada.

7. Un plano de montaje es...

a. ... el que se utiliza para representar partes o zonas complejas de un objeto, de esta forma se facilita la interpretación para el montaje.

b. ... el que representa el despiece de un conjunto de forma ordenada y en perspectiva.

c. ... es aquel que representa la visión de un conjunto de elementos.

d. ... el que representa una pieza junto con todas sus indicaciones de tolerancia, acabado, etc.

8. Teniendo en cuenta la normalización, ¿dónde se debe situar el cajetín o cuadro de rotulación de un plano?

a. En la parte inferior izquierda.

b. En la parte inferior derecha.

c. En la parte inferior central.

d. Da igual siempre que sea en la parte inferior, pero la altura no debe superar los 150 mm.

9. ¿Qué indica este símbolo?

    a. Es el símbolo que se emplea para indicar la tolerancia de un conjunto.

    b. Es un símbolo que se emplea para indicar el grado de rugosidad de una superficie.

    c. Es un símbolo de estado superficial en el que el mecanizado está realizado de forma distinta al arranque de virutas.

    d. Es un símbolo de estado superficial en el que el mecanizado está realizado mediante el arranque de virutas.

10. ¿Cuál es el primer paso a seguir en la realización de operaciones de montaje?

    a. Identificar el manual del conjunto con el que se va a trabajar.

    b. Seguir los pasos que indica el manual.

    c. Revisar las indicaciones de advertencia del manual.

    d. Revisar los planos de conjunto del manual.

Capítulo 2
Características de los materiales

Contenido

1. Introducción

Hoy en día estamos rodeados de objetos de distintas formas y medidas como, por ejemplo, soportes, estructuras, motores etc., que nos hacen la vida más fácil y podemos vivir con mayor calidad de vida. Estos objetos están fabricados por distintos tipos de materiales que tienen propiedades distintas, de dureza, maleabilidad, conductividad, etc., que hay que tener en cuenta para poder seleccionar el más adecuado a la hora tanto de fabricar un conjunto como de montarlo, ya que hay que saber si son compatibles unos materiales con otros.

Otros aspectos a tener en cuenta, son las propiedades que se pueden conseguir con los distintos materiales existentes, ya que mediante técnicas de tratamientos térmicos, tratamientos superficiales o aleaciones se consiguen modificar sus propiedades consiguiendo materiales más resistentes y ligeros, con el fin de conseguir que se adapten mejor al tipo de trabajo que van a desempeñar.

2. Tipos de materiales

Desde un punto de vista técnico, existen gran cantidad de materiales tanto naturales como artificiales y cada uno tiene características y utilidades distintas.

Los tipos de materiales empleados en las operaciones de montaje de conjuntos mecánicos, teniendo en cuenta su composición, son los siguientes:

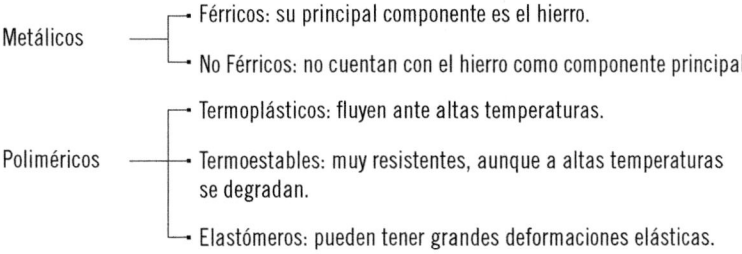

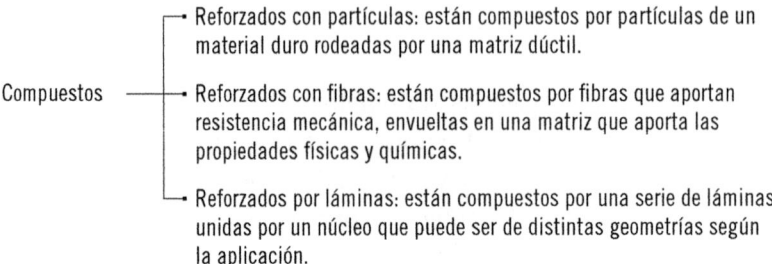

Compuestos
- Reforzados con partículas: están compuestos por partículas de un material duro rodeada por una matriz dúctil.
- Reforzados con fibras: están compuestos por fibras que aportan resistencia mecánica, envueltas en una matriz que aporta las propiedades físicas y químicas.
- Reforzados por láminas: están compuestos por una serie de láminas unidas por un núcleo que puede ser de distintas geometrías según la aplicación.

2.1. Materiales metálicos

Para conocer los tipos de materiales metálicos hay que tener en cuenta la estructura de la que están formados.

La estructura de los metales está formada por átomos unidos entre sí formando una red conocida como **estructura cristalina.** Este tipo de estructura es la que determina las propiedades del metal. La agrupación de cristales forma lo que se conoce como **granos** o **constituyentes de un metal.** Hay que tener en cuenta que dependiendo de las aleaciones tendrán uno o varios constituyentes, si se trata de un metal puro solo tendrá un tipo de grano o constituyente. El número de granos y su forma dependerán:

- Del proceso de fabricación.
- Del proceso térmico al que se ha sometido el metal.

Fragmento de material metálico

Las propiedades de los metales son las características que poseen y su comportamiento a una determinada acción. Las propiedades pueden ser de carácter mecánico, físico o químico y son las siguientes:

- **Tenacidad:** es la resistencia que tienen frente a la rotura o deformación al recibir un golpe.
- **Elasticidad:** es la capacidad de recuperación de su forma original después de una deformación.
- **Fatiga:** es la resistencia al desfallecimiento por rotura, debido a esfuerzos de tipo variable.
- **Dureza:** es la resistencia que ofrece a ser rayado por otro material.
- **Fragilidad:** es la resistencia a la rotura mediante un impacto.
- **Maleabilidad:** es la capacidad de convertirse en láminas mediante compresión.
- **Ductilidad:** es la capacidad de convertirse en hilos de alambre.

Metales y aleaciones férricas

Los metales y aleaciones férricas son las que tienen el hierro como metal base y debido a la amplia gama de propiedades que contienen son los más utilizados en la fabricación de elementos mecánicos. Para su fabricación en el alto horno se utilizan el mineral del hierro, la piedra caliza y el coque. Es un material metálico, buen conductor del calor, de la electricidad y del magnetismo. Su fusión se produce por encima de 1.500 °C.

 Sabía que...

El hierro es uno de los elementos más abundantes del mundo, conformando aproximadamente el 5 % de la corteza terrestre.

Metales y aleaciones no férricas

Los metales y aleaciones no férreas destacan por su facilidad de mecanizado, su resistencia a la oxidación, son buenos conductores térmicos y ofrecen una alta resistencia al desgaste, aunque cuentan con un mal comportamiento a la fatiga. En ellos se incluyen una amplia gama de materiales, como el aluminio, el cobre y el magnesio, entre otros, y sus aplicaciones son muy diferentes desde el aluminio empleado en la construcción hasta componentes de la más alta precisión en la fabricación de motores.

De forma general se clasifican en tres grandes grupos:

- **Metales ligeros,** como el aluminio, el magnesio y el titanio.
- **Metales pesados,** como el cobre, el plomo y el estaño.
- **Aleaciones ultraligeras,** tienen como compuesto base el aluminio.

2.2. Materiales poliméricos

Los materiales poliméricos son producidos en la polimerización, es decir, creando a partir de moléculas pequeñas grandes estructuras moleculares. A este proceso se conoce como **polimerización,** de ahí se deriva el nombre.

Ejemplo de polimerización

Los materiales poliméricos empleados en los conjuntos mecánicos son:

- Los plásticos.
- El caucho.
- Los adhesivos.

Teniendo en cuenta el comportamiento mecánico y térmico de los polímeros, se pueden diferenciar los siguientes grupos que se muestran a continuación.

Polímeros termoplásticos

Son los que contienen largas cadenas producidas a partir de moléculas pequeñas. Estas cadenas son lineales y flexibles, hacen que su comportamiento sea de una forma plástica y dúctil, no obstante si se calientan a altas temperaturas se ablandan y se convierten en un flujo viscoso. Tienen la gran ventaja de que son fácilmente reciclables.

El polipropileno es un ejemplo de polímero termoplástico.

Polímeros termoestables

Son los que contienen largas cadenas de moléculas formando redes rígidas tridimensionales. Esto da lugar a que solo sean blandos al calentarlos por primera vez. Una vez son enfriados no pueden recuperarse para transformaciones posteriores, ya que no tienen una temperatura de fusión. Estos polímeros son más resistentes pero más frágiles que los termoplásticos. Los polímeros termoestables son resinas de poliéster, de melamina o bakelitas.

Resina de melamina

Polímeros elastómeros

Son los que tienen una estructura intermedia, permitiendo que ocurra una deformación en la cadena de enlaces reticulares. Esto da lugar a que puedan tener grandes deformaciones sin que se produzcan cambios en su forma. Son los conocidos como caucho, vulcanizados o gomas que tienen gran capacidad de deformación a temperatura ambiente.

Ejemplos de polímeros elastómeros

Comportamiento	Estructura general	Diagrama
Termoplástico	Cadenas lineales flexibles	
Termoestable	Red rígida tridimensional	Con entrecruzamientos
Elastómero	Cadenas lineales con enlaces reticulares o entrecruzamientos	Con entrecruzamientos

 Nota

Los compuestos de bajo peso molecular, cuyas moléculas son capaces de reaccionar entre sí o con otras para dar lugar a un polímero, se conocen con el nombre de monómeros.

El uso de los polímeros es muy variado gracias a la gran cantidad de posibilidades que tienen en la industria. Se fabrican y diseñan para materiales de alta tecnología, como fibras de vidrio empleadas en el automóvil, para la fabricación de elementos artesanales, gracias al bajo coste de fabricación de estos materiales.

Aunque la composición y estructura de los diferentes tipos de polímeros varían en cada caso, las características comunes más usuales son:

- Elevada resistencia a los productos químicos y a la corrosión.
- Baja densidad y bajo peso, permitiendo ser fáciles de manejar.
- Baja conductividad térmica, permitiendo su empleo como aislantes térmicos, no obstante no soportan grandes temperaturas de trabajo.
- Baja conductividad eléctrica, permitiendo su empleo como materiales aislantes eléctricos.
- Propiedades ópticas distintas, ya que pueden ser traslúcidos y opacos.
- Comportamiento viscoelástico, presentando características de sólidos y líquidos.
- Son frágiles.
- Se pueden utilizar como agentes reductores de ruido.
- Coste relativamente bajo.

 Aplicación práctica

Vd. tiene que realizar el montaje de una polea de transmisión de movimiento de una máquina. Teniendo en cuenta los tipos de polímeros existentes, ¿cuál es el más indicado para realizar esta función?

SOLUCIÓN

Las poleas están sometidas a tensiones y desgastes debido al rozamiento producido por la correa, por lo tanto el material debe ser duro, resistente y rígido. Entonces, el polímero termoestable es el más indicado.

2.3. Materiales compuestos

Los **materiales compuestos** son los que se obtienen uniendo dos tipos de materiales distintos, de forma que se consigue una combinación de propiedades que no se pueden obtener con un solo material de forma original.

Dependiendo de la forma de los materiales existen tres tipos distintos:

- **Laminares,** como, por ejemplo, la madera contrachapada que contiene láminas de chapa y madera alternativamente. De esta forma se aumenta la resistencia mecánica y la fractura.

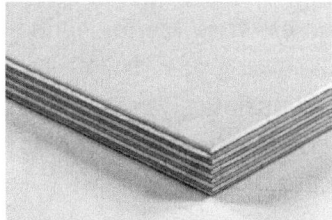

Madera contrachapada

- **Con partículas,** como, por ejemplo, el hormigón que es una mezcla de partículas de cemento y grava.

Mezcla de cemento y grava (hormigón)

■ **Con fibra,** como, por ejemplo, un polímero que contenga fibras de vidrio en su composición, formando resinas de fibras de vidrio.

Fibra de vidrio

Las propiedades de cada material compuesto dependerán de las siguientes circunstancias:

■ De las propiedades de cada componente que lo forma.
■ Del grado de proporcionalidad que contiene de cada componente.
■ Del tamaño, forma u distribución.

Los tipos de materiales compuestos más empleados en la fabricación mecánica son los obtenidos con fibra, ya que se consigue una mayor resistencia a la fatiga y mayor rigidez. Estos tipos de compuestos se emplean para la fabricación de chasis de bicicletas, árboles de transmisión, materiales deportivos. Actualmente, están teniendo gran aceptación en la fabricación de accesorios de automóviles, aunque tienen el inconveniente de que son frágiles y tienen un coste elevado.

Carrocería fabricada con material compuesto con fibras

3. Propiedades físicas de materias primas

Las materias primas poseen unas propiedades físicas que son las que permiten diferenciar unos materiales de otros. Estas propiedades dependerán no solo del tipo de material sino también del proceso de fabricación, de sus tratamientos y aleaciones.

 **Definición**

Aleación
Consiste en realizar una mezcla homogénea de dos o más metales sólidos.

A lo largo de este apartado se van a estudiar las propiedades físicas y aleaciones de los materiales más usuales empleados en los procesos de montaje de conjuntos mecánicos.

3.1. Acero y aleaciones de acero

El hierro se suele utilizar aleado en pequeñas proporciones con carbono, formándose el acero. El acero es una de las aleaciones más utilizadas en la fabricación de piezas mecánicas, ya que adquiere unas propiedades térmicas y de dureza muy buenas; aunque como parte negativa es muy pesado y de fácil oxidación. La temperatura de fusión está entorno a los 1.450 °C.

 Sabía que...

El acero se produjo por primera vez aproximadamente sobre el año 700 a. C.

El siguiente paso después de la fundición del acero es solidificarlo para después forjarlo, laminarlo, etc. Este procedimiento de solidificación se puede hacer de dos formas distintas:

- Mediante el vaciado de lingotes.
- Mediante la colada continua o clásica.

Al acero se le agregan elementos con el fin de añadirle dureza, resistencia, tenacidad, etc., para utilizarlo en una amplia gama de variedades dependiendo de sus propiedades. Los elementos más empleados en estas aleaciones y sus propiedades son:

- **Azufre:** reduce su resistencia al impacto y la ductilidad, por lo que los hace más frágiles.
- **Boro:** mejora su templabilidad.
- **Calcio:** lo desoxida y mejora su tenacidad.
- **Carbono:** aumenta su resistencia y dureza.
- **Cobalto:** aumenta la dureza del acero en caliente y la resistencia a la corrosión.
- **Cromo:** aumenta su resistencia a altas temperaturas. Se suele emplear en la fabricación de émbolos.
- **Cobre:** mejora la resistencia a la corrosión.
- **Plomo:** aumenta sus propiedades de mecanizado, ya que proporciona poder lubricante al acero.
- **Silicio:** aumenta su dureza y resistencia a la corrosión y favorece la conductividad eléctrica.
- **Titanio:** mejora su templabilidad y desoxida el acero.
- **Vanadio:** mejora la resistencia a la abrasión y la dureza a altas temperaturas.
- **Wolframio:** proporciona gran dureza al acero. Con este tipo de aleación se fabrican herramientas de corte, como seguetas, brocas, etc.

 **Nota**

La mayoría de las herramientas manuales que se utilizan en los talleres están fabricadas con una aleación de acero-cromo-vanadio.

Aceros al carbono

Los **aceros** al carbono son muy empleados debido a sus características. Se clasifican teniendo en cuenta su porcentaje en contenido de carbono.

De bajo contenido en carbono

Estos también son conocidos como aceros suaves o dulces. Su proporción es inferior a un 0,3 %. Suelen ser utilizados para la fabricación de pernos, tuercas, alambres y similares.

Los pernos, tuercas, tornillos y arandelas son algunos ejemplos de elementos fabricados con aceros de bajo contenido en carbono.

De medio contenido en carbono

Estos también son conocidos como aceros semisuaves o semiduros. Su proporción oscila entre un 0,3 % y un 0,5 %. Son capaces de soportar grandes cargas. Se utilizan en la fabricación de componentes mecánicos, como engranajes y piñones.

Piñón y engranaje fabricados con acero de medio contenido en carbono

De alto contenido en carbono

Estos también son conocidos como aceros duros. Su proporción es de más de 0,5 %. Tienen gran dureza y resistencia y se suelen emplear en herramientas de corte.

Herramienta de corte de acero de alto contenido en carbono

A continuación, se presenta una tabla en la que se muestra el tipo de acero con el % de carbono y la resistencia aproximada de cada uno.

Nombre del acero	% de carbono	Resistencia aproximada (kg/mm²)
Acero extrasuave	0,1 0,2	35
Acero suave	0,2 a 0,3	45
Acero semisuave	0,3 a 0,4	55
Acero semiduro	0,4 a 0,5	65
Acero duro	0,5 a 0,6	75
Acero extraduro	0,6 a 0,7	85

Aceros inoxidables

Los **aceros inoxidables** también son muy empleados en los procesos de fabricación y se caracterizan por sus propiedades anticorrosivas, elevada resistencia y ductibilidad. Sus aleaciones contienen carbono, cromo y níquel entre otros y generan, en presencia del oxígeno, una película de óxido de cromo que es la que le protege contra la corrosión. Se suelen utilizar en las industrias químicas, en tareas de procesos de alimentos, equipos quirúrgicos, convertidores catalíticos y para la decoración con efecto metálico.

Aceros inoxidables férricos

Tienen un alto contenido en cromo (hasta el 20 %), tienen buena resistencia a la corrosión, pero, sin embargo, no se pueden someter a tratamiento térmico. Por ello, son los menos utilizados y se emplean en elementos decorativos.

Aceros inoxidables martensíticos

No contienen níquel y su contenido en cromo puede alcanzar hasta el 15 %. Pueden ser endurecidos por tratamientos térmicos y tienen una elevada dureza y resistencia. Se suelen emplear en herramientas quirúrgicas, válvulas y resortes.

Aceros inoxidables austeníticos

Están compuestos de cromo, níquel y manganeso. Son los más dúctiles de todos, tienen grandes propiedades anticorrosivas y son antimagnéticos. Suelen ser empleados en uniones soldadas debido a que sus componentes facilitan las soldaduras.

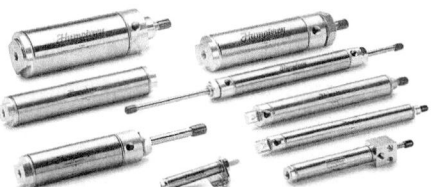

Ejemplo de diferentes útiles de acero inoxidable

Los altos costes de fabricación del acero hacen que se utilicen en piezas de conjunto con gran precisión, como cilindros o ejes de elementos de bombas inyectoras.

También existen aleaciones de acero especiales, como pueden ser para la fabricación de herramientas o para trabajos en condiciones especiales de temperatura, y de resistencia, como pueden ser las bielas o partes internas de motores. Estos tipos de aceros se consiguen con base de aleaciones de metales como, por ejemplo, el molibdeno o tungsteno.

 Definición

Molibdeno
Metal escaso en la corteza terrestre, se encuentra generalmente en forma de sulfuro. De color gris o negro y brillo plateado, pesado y con un elevado punto de fusión, es blando y dúctil en estado puro, pero quebradizo si presenta impurezas.

3.2. Aluminio y aleaciones de aluminio

El aluminio se obtiene de la bauxita, es muy ligero e inoxidable, pesa poco, es muy maleable y dúctil, así como buen conductor de la electricidad y del calor. Su punto de fusión está entorno a los 650 °C. Su fabricación se lleva a cabo en dos fases, primero se separa el oxígeno de la bauxita y a continuación este óxido se divide en oxígeno y aluminio mediante un proceso de electrólisis en hornos para la fusión de aluminio. Para realizar este proceso se necesitan más de 2.000 °C con el fin de fundir el óxido de aluminio recién producido. Durante este proceso se aditiva otros componentes (como el silicio o el magnesio) para conseguir así aleaciones con propiedades específicas.

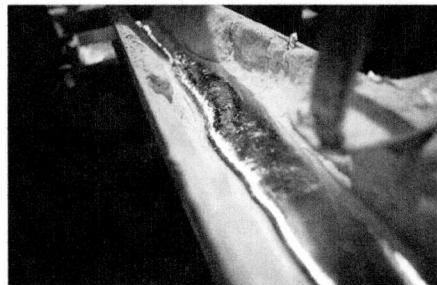

Aluminio líquido

 **Nota**

El aluminio es el segundo metal más utilizado después del acero.

El metal fundido se presenta en lingotes de gran magnitud y mediante procesos de recocido se procede al laminado en caliente, para después poder laminarlo en frío, de un espesor de apenas varios milímetros mediante un proceso de rodillos.

Proceso de laminado en caliente

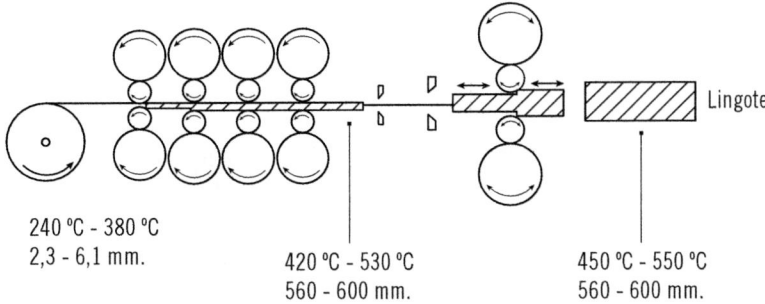

240 °C - 380 °C
2,3 - 6,1 mm.

420 °C - 530 °C
560 - 600 mm.

450 °C - 550 °C
560 - 600 mm.

Algunos de los elementos que se añaden al aluminio para mejorar sus propiedades son:

- **Cobre:** aumenta su resistencia mecánica y facilita su mecanizado, sin embargo reduce sus propiedades anticorrosivas.
- **Hierro:** aumenta su resistencia mecánica.
- **Magnesio:** mejora su ductibilidad y su resistencia tras el conformado en frío.
- **Manganeso:** aumenta su dureza y resistencia.
- **Titanio:** aumenta su resistencia mecánica.
- **Zinc:** refuerza su dureza y resistencia pero reduce su resistencia a la corrosión.

Las **aleaciones del aluminio** se pueden utilizar para su fundición, en la que se añaden componentes como el cobre o el silicio que favorecen el llenado de moldes en la fabricación de piezas fundidas, además de mejorar las propiedades mecánicas. En las aleaciones para forja se diferencian dos grandes grupos:

- **Sin tratamiento térmico.** Solamente están elaboradas en frío y en su composición principalmente llevan hierro, silicio, manganeso y magnesio.
- **Con tratamiento térmico.** En la que utilizan la temperatura para reforzar sus propiedades. Son más duros y resistentes que los elaborados en frío y en su composición llevan agentes como el cobre o el cinc.

Hoy en día, el aluminio junto con estos tipos de aleaciones puede desempeñar cualquier papel en la fabricación mecánica al igual que el acero, además tiene la gran ventaja de su bajo peso específico, es de fácil reciclado y no es tóxico. Por el contrario, no es válido para componentes sometidos a cargas variables o cíclicas debido a su mal comportamiento frente a la fatiga.

Bloque de un motor de aleación de aluminio

3.3. Cobre y aleaciones de cobre

El cobre y sus aleaciones tienen propiedades similares a las del aluminio. Es muy buen conductor de la electricidad y del calor y además posee excelentes propiedades frente a la corrosión. Se mecaniza muy fácilmente y es un material soldable. Su temperatura de fusión está entorno a los 1.050 ºC. Se obtiene de minerales como los sulfuros. Su proceso de fabricación pasa por una fase de trituración y después se le agregan productos químicos y aceites, formando una espuma que una vez seca se funde y refina. Se suele utilizar en componentes eléctricos, tuberías e intercambiadores de calor.

Las aleaciones del cobre más comunes son:

- El **latón** (compuesto de cobre y zinc) es muy empleado en elementos decorativos.
- El **bronce** (compuesto de cobre y aluminio) es muy empleado en cojinetes y resortes.

3.4. Otros materiales

A continuación, se va a explicar las propiedades físicas de otros materiales, como el magnesio, el titanio, el plomo, el estaño, el zinc.

Magnesio

El **magnesio** es el metal más ligero disponible industrialmente y tiene excelentes propiedades frente a las vibraciones, en cambio se oxida fácilmente. Su punto de fusión está entorno a los 650 ºC. La mayor parte del magnesio procede del agua del mar y se extrae mediante procesos de electrólisis. También se puede extraer de la roca que contiene magnesio mediante sistemas de reducción térmica. Al igual que el aluminio se vacía en lingoteras para fabricar lingotes, con la finalidad de su procesamiento posterior de diferentes formas. Sus aleaciones se fabrican con aluminio, cinc, titanio y manganeso y se caracterizan por su ligereza y resistencia mecánica. Se suele emplear en la fabricación de componentes de aeronaves, herramientas portátiles y equipos deportivos en los que se premie la ligereza y el poco peso.

Productos elaborados con magnesio

? Sabía que...

El magnesio es el tercer elemento metálico en abundancia después del acero y el aluminio.

Titanio

El **titanio** es un metal ligero con alta resistencia a la tracción y además es anticorrosivo. Su punto de fusión está entorno a los 1.650 ºC. Se obtiene de minerales que son reducidos en un horno de arco a carburo de titanio y después con la ayuda de una atmósfera de cloro se convierten a cloruro de titanio. Este compuesto, mediante destilación y disolución, se transforma en titanio esponjoso que posteriormente se funde y se vacía en lingoteras para fabricar lingotes que serán procesados de diferentes formas. Este proceso de fabricación es muy costoso con lo cual encarece mucho el producto. Se puede alear con el aluminio, vanadio, estaño y molibdeno. Se suele utilizar en piezas de motores de competición y de aviación, así como en implantes ortopédicos.

Pieza de un motor fabricada con titanio

 Nota

El carburo de titanio y nitruro de titanio se utilizan de recubrimiento de piezas de gran dureza, como brocas y herramientas de corte.

Plomo

El **plomo** es un metal fácil de conformar, resistente a la corrosión pero es poco dúctil y poco tenaz. Sin embargo, tiene excelentes propiedades como elemento de adición en la soldadura. Su punto de fundición está entorno a los 320 ℃. El mineral fuente del plomo es la galena, el cual se funde y es refinado mediante tratamientos químicos. Las aleaciones del plomo se suelen hacer con estaño y antimonio, mejorando sus propiedades. Se suele utilizar en aleaciones para cojinetes, baterías, tuberías y en aquellos elementos que necesiten peso.

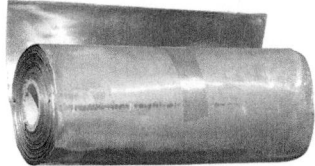

Láminas de plomo enrolladas

 Nota

Las láminas de plomo se utilizan como blindaje radiactivo.

Estaño

El **estaño** es un metal de características similares a las del plomo, es decir, es maleable y resistente a la corrosión pero poco dúctil. Su punto de fusión está entorno a los 250 ºC por lo que es muy empleado en las soldaduras blandas. Se obtiene del mineral base casiterita a través de procesos de fundido y refinado para su enfriado en lingoteras, formando así lingotes para su posterior procesado. Las aleaciones con estaño contienen cobre, antimonio y plomo añadiéndole así más dureza. Se utiliza para la fabricación de recipientes para alimentos y soldadura blanda.

Hilos de aleación estaño plata

Zinc

El **zinc** es el cuarto metal más frecuente utilizado en la industria detrás del hierro, el aluminio y el cobre. Su fusión se realiza entorno a 420 ºC y tiene excelentes propiedades anticorrosivas. Se obtiene de minerales que contienen zinc, como es la blenda. Estos minerales se hornean convirtiéndose en óxido de zinc y después se reduce a zinc mediante procesos electrolíticos o calentándolos en hornos, consiguiendo así su separación. Sus aleaciones se hacen con aluminio, cobre, estaño y plomo. Se suele emplear en forma de chapas laminadas y para el galvanizado.

Proceso de galvanizado

 Nota

El galvanizado produce una película protectora al acero al sumergirlo en zinc fundido.

Níquel

El **níquel** es un metal muy duro maleable, dúctil y resistente a la corrosión. Su punto de fusión está en torno a los 1.450 °C. Se encuentra presente en grandes cantidades en lechos marinos pero resulta muy caro de conseguir en estas circunstancias. Normalmente, se obtiene de minerales de sulfuros y óxidos mediante procedimientos térmicos y sedimentarios seguidos de electrólisis. Las aleaciones con níquel son conocidas como superaleaciones por sus grandes prestaciones y se utilizan en aplicaciones de alta temperatura como pueden ser motores a reacción.

*Motor a reacción
fabricado con níquel*

 Nota

El níquel es más duro que el acero.

 Aplicación práctica

Usted tiene que diseñar y fabricar una biela de un motor de competición, ¿qué material utilizaría?

SOLUCIÓN

Las bielas de los motores están fabricadas de aleaciones de acero o aluminio. Al tratarse de un motor de competición aparte de necesitar propiedades de dureza, resistencia, etc., se necesitaría aligerar el peso al máximo por lo que lo ideal sería utilizar una aleación de titanio.

4. Características técnicas y aplicaciones

Como se ha indicado a lo largo de los apartados anteriores, los materiales están compuestos por estructuras diferentes lo que hace que sus características técnicas sean distintas. Las características de los materiales pueden ser:

- Mecánicas.
- Físicas.
- Químicas.

Dependiendo de estas características, variará el uso y aplicaciones que tienen en la industria, por lo que a lo largo de este apartado se van a desarrollar tanto las características como el uso y aplicaciones de los materiales más empleados en la fabricación y montaje de elementos mecánicos, con el fin de conocerlos para que en caso necesario se puedan identificar las necesidades de los distintos materiales en función del montaje que se va a realizar.

4.1. Características generales y aplicaciones de los materiales metálicos

De carácter general las aleaciones no ferrosas son más costosas que los aceros y los polímeros, tienen un amplio abanico de propiedades físicas, mecánicas y eléctricas, poseen alta resistencia frente a la corrosión y soportan altas temperaturas.

El acero

El **acero** es el material más empleado en los productos de fabricación mecánica gracias al gran abanico de posibilidades y características que posee. Este material se comporta de diferentes formas dependiendo de los tratamientos o ajustes en su composición. Posee las siguientes características:

- Es maleable.
- Es dúctil.
- Es tenaz y de gran dureza.
- Es soldable.
- Posee una alta conductividad eléctrica.

- Reacciona a la temperatura, contrayéndose y dilatándose.
- Tiene una elevada resistencia al desgaste.
- Se oxida con facilidad, es decir, le afecta la corrosión de forma considerable excepto en los aceros inoxidables.

Sus **usos** y **aplicaciones** son muy diversas, ya que dependiendo de las distintas aleaciones que tenga se comportará de forma diferente, no obstante, las más usuales son:

- Se emplea como elemento estructural de elementos de transporte y máquinas, como carrocerías de automóviles, elementos agrícolas, vehículos blindados, armazones de máquinas, etc.
- Se emplea para piñones y ejes de transmisión.
- Se emplea en rodamientos.
- Se emplea en elementos de fijación, como tornillos, tuercas, arandelas, remaches, etc.
- Se utiliza como alambre.
- Se utiliza como chapas.
- Se utiliza para la fabricación de muelles y resortes.
- Se utiliza para componentes y piezas de maquinaria.
- Se utiliza en componentes internos de motores como, por ejemplo, cigüeñales.

Cigüeñal de acero

El aluminio

El **aluminio** es uno de los materiales metálicos no ferrosos que más aplicaciones tiene en la industria. Posee las siguientes características:

- Es de color blanco brillante.
- Tiene gran conductividad eléctrica y térmica.
- Es resistente a la corrosión y oxidación.
- Es un material ligero.
- Es un material que posee buenas propiedades para su manufactura.
- Es fácil de reciclar.

Su **usos** y **aplicaciones** son muy diversos gracias al gran abanico de propiedades y características que posee, no obstante, las más usuales son las siguientes:

- Como material estructural en el transporte y en las maquinarias (bicicletas, automóviles, armazones de herramientas ligeras, etc.).
- Como material en carpintería metálica (puertas, ventanas, etc.).
- Como utensilios y herramientas de uso doméstico.
- Como conductor eléctrico, llegando en ocasiones a sustituir al cobre.
- En elementos y piezas de motores como, por ejemplo, culatas, pistones, etc.

Culata de aluminio

El cobre

El **cobre** es otro de los elementos metálicos más utilizados en los productos mecánicos, ya que es el tercer metal más consumido en el mundo después del hierro y el aluminio. Posee las siguientes **características**:

- Es de color rojizo.
- Tiene una gran conductividad eléctrica y térmica.
- Es dúctil.
- Es maleable.
- Es fácil de mecanizar.

 Nota

El cobre es el tercer metal más consumido en el mundo después del hierro y el aluminio. Además, es el segundo elemento después de la plata.

Su **usos** y **aplicaciones** más usuales son:

- Debido a su alta conductividad es el más empleado en cableados eléctricos, bobinados de motores, inducidos, etc.
- Se emplea como conductor térmico en radiadores e intercambiadores de calor para motores.
- Se utiliza como tuberías de líquidos.
- Se emplea en elementos decorativos.
- Se emplea como elemento de unión, como, por ejemplo, remaches, pernos o arandelas.

Remaches y arandelas de cobre

La siguiente tabla indica los puntos de fusión de algunos de los metales y aleaciones más corrientes empleados en la fabricación de componentes mecánicos:

Metal o aleación	Temperatura de fusión ºC
Estaño	250
Plomo	320
Zinc	420
Magnesio	650
Aluminio	650
Latón	900
Bronce	900 a 960
Cobre	1050
Fundición gris	1200
Fundición blanca	1100
Acero	1400
Níquel	1450

 Aplicación práctica

Un motor que trabaja a altas temperaturas tiene un tornillo por el que presenta una fuga de aceite. Tras desmontar y verificar el tornillo llega a la conclusión de que necesita una arandela que haga de junta para sellar la fuga. ¿De qué material seleccionaría la arandela?

SOLUCIÓN

Como va a ser una arandela de junta, deberá ser de un material que sea fácilmente moldeable, por lo que no serviría una de acero. Si además se tiene en cuenta que va a trabajar a altas temperaturas, lo ideal sería una arandela de cobre o aluminio.

4.2. Características técnicas y aplicaciones de los materiales poliméricos

Los **materiales poliméricos** son materiales que debido a las propiedades que poseen se van implantando poco a poco llegando en ocasiones a reemplazar cada vez más a los componentes metálicos.

Polímeros termoplásticos

Las **características** más usuales de los polímeros termoplásticos son:

- Resistentes a los agentes químicos y corrosivos.
- Aislantes de la electricidad.
- Resistencia mecánica muy variada, según los modelos pueden ser blandos y frágiles o de gran resistencia y tenacidad.
- Ofrecen poca resistencia a la degradación ambiental.
- Su coste es bajo.

Las **aplicaciones** más usuales de los polímeros termoplásticos son:

- Aislantes eléctricos.
- Tuberías.
- Recubrimientos de interiores de automóviles.
- Pantallas de seguridad.
- Gafas protectoras.
- Juntas.
- Engranajes de dureza media.
- Patines y piezas de rozamiento.

Ejemplo

Un tipo de polímero termoplástico es el metacrilato que se emplea como material de acristalado o en las pantallas de seguridad.

Polímeros termoestables

Las **características** más usuales de los polímeros termoestables son:

- Bajo coste.
- Excelentes propiedades como aislantes tanto térmicos como eléctricos.
- Resistentes a la corrosión.
- Buenas propiedades mecánicas.
- Buena adherencia.
- Materiales elásticos.

Las **aplicaciones** más usuales de los polímeros termoestables son:

- Conectores y enchufes.
- Tuberías.
- Depósitos.
- Carcasas.
- Botones.
- Tiradores.

- Piezas de transmisión.
- Resinas.

Ejemplo

Los fenólicos son un tipo de polímeros termoestables que tienen excelentes propiedades como aislantes térmicos y eléctricos y se usan en componentes de automoción como las tapas de delco.

Polímeros elastómeros

Las **características** más usuales de los polímeros elastómeros son:

- Gran capacidad elástica.
- Resistentes al desgaste.
- Son aislantes eléctricos.
- Tienen el inconveniente que pueden absorber disolventes orgánicos, como, por ejemplo, aceites o gasolinas.

Las **aplicaciones** más usuales de los polímeros elastómeros son:

- Neumáticos.
- Juntas.
- Manguitos.
- Soportes elásticos.
- Correas de transmisión.

Correa de transmisión

En la siguiente tabla se indican las temperaturas con el punto de fusión de algunos de los polímeros más utilizados:

Tipo Polímero	Temperatura de fusión ⁰C
Nylon	265
Policarbonato	265
Poliéster	265
Poliestireno	239
Polipropileno	176
Polipropileno alta densidad	137
Polietileno baja densidad	115

 **Recuerde**

Los polímeros elastómeros pueden absorber compuestos orgánicos por lo que no se deben de utilizar en zonas que necesiten engrase o lubricación, ya que se estropearían.

Aplicación práctica

Ha realizado un montaje de un conjunto que contiene piezas en movimiento y quiere que la estructura sobre la que está montada no esté sometida a vibraciones. ¿Qué tipo de polímero utilizaría para aislar el motor de la estructura?

SOLUCIÓN

Necesitaría un material con grandes deformaciones elásticas, por lo que el material apropiado sería un elastómero.

4.3. Características técnicas y aplicaciones de los materiales compuestos

Los materiales compuestos se van implantando poco a poco dentro de los materiales usados más habituales en la industria, ya que ofrecen características y propiedades extraordinarias en comparación con los materiales normales, no obstante son más utilizados en aviones, satélites, estructuras espaciales, etc. Los más usados en los productos mecánicos son la utilización de fibras.

En función de las aplicaciones para las que vaya destinado, el material compuesto estará diseñado con una matriz y un material de aporte que le confiera las propiedades pertinentes.

Fibras de vidrio

Las **características** más usuales de las fibras de vidrio son:

- Alta resistencia.
- Alta densidad.
- Baja rigidez.
- Coste asequible.

Las aplicaciones más usuales de las fibras de vidrio son:

- Perfiles estructurares.
- Aislantes térmicos.
- Cables de fibra óptica y elementos de bricolaje.
- Elementos decorativos de automóviles y como elemento reparador de plásticos.

Utilización de fibra de vidrio como aislante térmico.

Fibras de grafito

Las **características** más usuales de las fibras de grafito son:

- Elevada resistencia.
- Coste bajo.
- Menos densidad que la fibra de vidrio.

Las **aplicaciones** más usuales de las fibras de grafito son:

- Placas de baterías de almacenamiento.
- Contactos eléctricos.
- Cojinetes y estructuras de elementos de última generación, como, por ejemplo, satélites, helicópteros, etc.

Fibras de boro

Las **características** más usuales de las fibras de boro son:

- Alta resistencia.
- Alta rigidez.
- Máxima densidad.
- Costo mayor.

Las **aplicaciones** más usuales de las fibras de boro son:

- Soportes estructurales.
- Aspas de compresores.
- Álabes de motores a reacción.

5. Denominaciones, referencias y nomenclatura

Debido a la gran cantidad de materiales distintos que existen, tanto en forma natural como en aleaciones o compuestos, hay que identificarlos mediante denominaciones, referencias y nomenclaturas de forma que cualquier persona pueda identificar el tipo de material que se está empleando en cada momento.

En lo que al **acero** se refiere los nombres se pueden clasificar en función de su aplicación mediante una o más letras seguidas de un número que hace referencia a alguna propiedad relevante a su uso. Las letras que lo definen son las siguientes:

- **S** Acero estructural
- **P** Acero para precisión
- **L** Acero para línea de cañería
- **E** Acero para ingeniería
- **B** Acero para reforzar concreto
- **Y** Acero para concreto pretensado
- **R** Acero para rieles
- **H** Acero plano laminado en frío o de gran resistencia para forjado en frío
- **D** Productos planos para forjado en frío

- **T** Acero para embalaje
- **M** Acero eléctrico

 **Ejemplo**

S185 es un acero estructural con límite elástico

$Y = 185 \text{ N/mm}^2$.

Los aceros de aleación son designados normalmente con el sistema AISI-SAE. En este sistema los dos primeros dígitos indican el principal elemento o grupos de elementos que contienen la aleación, y los siguientes indican el porcentaje de carbono en acero (medida expresada en centésimas).

Principales tipos de aceros de aleación estándar	
13xx	Manganeso 1,75
40xx	Molibdeno 0,20 o 0,25; o molibdeno 0,25 y azufre 0,042
41xx	Cromo 0,50, 0,80 o 0,95, molibdeno 0,12, 0,20 o 0,30
43xx	Níquel 1,83, cromo 0,50 o 0,80, molibdeno 0,25
44xx	Molibdeno 0,53
46xx	Níquel 0,85 o 1,83, molibdeno 0,20 o 0,25
47xx	Níquel 1,05, cromo 0,45, molibdeno 0,20 o 0,35
48xx	Níquel 3,50, molibdeno 0,25
50xx	Cromo 0,40
51xx	Cromo 0,80, 0,88, 0,93, 0,95 o 1,00
51xxx	Cromo 1,03
52xxx	Cromo 1,45
61xx	Cromo 0,60 o 0,95, vanadio 0,13 o min 0,15
86xx	Níquel 0,55, cromo 0,50, molibdeno 0,20

Continúa en página siguiente >>

<< Viene de página anterior

Principales tipos de aceros de aleación estándar	
87xx	Níquel 0,55, cromo 0,50, molibdeno 0,25
88xx	Níquel 0,55, cromo 0,50, molibdeno 0,35
92xx	Silicio 2,00; o silicio 1,40 y cromo 0,70
50Bxx*	Cromo 0,28 o 0,50
51Bxx*	Cromo 0,80
81Bxx*	Níquel 0,30, cromo 0,45, molibdeno 0,12
94Bxx*	Níquel 0,45, cromo 0,40, molibdeno 0,12

 Aplicación práctica

Usted se encuentra trabajando en una planta de fabricación de herramientas manuales y tiene que seleccionar el tipo de acero que va a utilizar para su fabricación. Según el sistema AISI-SAE, ¿Qué tipo de aleación de acero utilizará?

SOLUCIÓN

Para poder seleccionar el tipo de aleación de acero primero deberá saber de qué material están fabricadas las herramientas manuales.

Las herramientas manuales normalmente están fabricadas de acero al cromo-vanadio, por lo que el tipo de aleación de acero según el sistema AISI-SAE será 61XX.

Otro factor a tener en cuenta es la nomenclatura empleada para definir los diferentes tipos de polímeros. Estos suelen tener un nombre formado por el prefijo poli- y el nombre del monómero o los monómeros empleados en su fabricación, igualmente se utilizan las siguientes abreviaturas para designarlos:

- **PE:** Polietileno
- **PP:** Polipropileno

- **PVC:** Poli (cloruro de vinilo)
- **PS:** SPoliestireno
- **PAN:** Poliacrilonitrilo
- **SAN:** Copolímero de acrilonitrilo-estireno
- **ABS:** Copolímero de acrilonitrilo-butadieno-estireno
- **PMMA:** Poli(metacrilato de metilo)
- **PTFE:** Politetrafluoretileno
- **PC:** Policarbonatos
- **POM:** Polioximetileno
- **PA:** Poliamida
- **PTB:** Poli(tereftalato de butilo)
- **PET:** Poli(tereftalato de etilo)
- **PPS:** Poli(sulfuro de fenilo)
- **PSU, PESU:** Polisulfora, poliétersulfona
- **PAEK:** Poliarilétercetona
- **PTF:** Politetraflúoretileno
- **OF:** Resinas de urea-formaldehido
- **EP:** Resinas epoxi
- **UP:** Resinas de poliéster insaturado
- **SBS:** Poli(estireno-butadieno-estireno)

 Actividades

Analice las diferentes herramientas manuales, hidráulicas y neumáticas del taller, analiza el material con el que están fabricadas y determine sus propiedades más relevantes, (dureza, resistencia al desgaste, protección anticorrosiva, etc.).

6. Resumen

En los conjuntos mecánicos se pueden utilizar diferentes tipos de materiales. Estos pueden ser metálicos férreos, entre los que destaca el acero, y no férreos, entre los que destaca el aluminio, dependiendo de si su mineral base es el hierro.

Con los minerales se suelen fabricar aleaciones con el fin de mejorar sus propiedades de dureza, resistencia, tenacidad etc.

Otros tipos de materiales empleados son los poliméricos (termoplásticos, termoestables y elastómeros). Los más utilizados en el montaje de conjuntos son los plásticos cauchos y adhesivos.

En la actualidad se van implantando materiales compuestos gracias a la gran variedad de aplicaciones que estos ofrecen y especialmente los más utilizados son las fibras.

7. Anexo I

A continuación, se muestra una tabla con los símbolos, puntos de fusión y densidad de elementos seleccionados.

Elemento	Símbolo	Punto de fusión, °C	Densidad, g/cm³
Aluminio	Al	660	2,70
Antimonio	Sb	630	6,70
Arsénico	As	817	5,72
Bario	Ba	714	3,5
Berilio	Be	1278	1,85
Boro	B	2030	2,34
Bromo	Br	-7,2	5,12
Cadmio	Cd	321	6,65
Calcio	Ca	845	1,55
Carbono (grafito)	C	3650	2,25
Cesio	Cs	28,7	1,87
Cloro	Cl	-101	1,9
Cromo	Cr	1875	7,19

Continúa en página siguiente >>

<< Viene de página anterior

Elemento	Símbolo	Punto de fusión, °C	Densidad, g/cm³
Cobalto	Co	1496	8,85
Cobre	Cu	1033	8,96
Flúor	F	-220	1,3
Galio	Ga	29,8	5,91

Elemento	Símbolo	Punto de fusión, °C	Densidad, g/cm³
Germanio	Gr	9,37	5,32
Oro	Au	937	19,3
Helio	He	270	-
Hidrógeno	H	259	-
Indio	In	157	7,31
Iodo	I	114	4,94
Iridio	Ir	2454	22,4
Hierro	Fe	1536	7,87
Plomo	Pb	327	11,34
Litio	Li	180	0,53
Magnesio	Mg	650	1,74
Manganeso	Mn	1245	7,43
Mercurio	Hg	-38,4	14,18
Molibdeno	Mo	2610	10,2
Neón	Ne	248,7	1,45
Níquel	Ni	1455	8,9
Niobio	Nb	2415	8,6
Nitrógeno	N	240	1,03
Osmio	Os	2700	22,57
Oxígeno	O	-216	1,43

Continúa en página siguiente >>

<< Viene de página anterior

Elemento	Símbolo	Punto de fusión, °C	Densidad, g/cm³
Palladio	Pd	1552	12,0
Fósforo (blanco)	P	14,2	1,83
Platino	Pt	1769	21,4
Potasio	K	63,9	0,86
Renio	Rc	3190	21,0
Rodio	Rd	1936	12,4
Rutenio	Ru	2500	12,2
Escandio	Sc	1539	2,99
Silicio	Si	1410	2,34
Plata	Ag	261	10,5
Sodio	Na	97,8	0,97
Estroncio	Sr	76,8	2,60
Azufre (amarillo)	S	119	2,07
Tantalio	Ta	2996	16,6
Estaño	Sn	232	7,30
Titanio	Ti	1669	4,51
Wolframio	W	3410	19,3
Uranio	U	1132	19,0
Vanadio	V	1903	6,1
Cinc	Zn	419,5	7,13
Circonio	Zr	1852	6,49

8. Anexo II

A continuación, se muestra una tabla periódica de los elementos.

TABLA PERIÓDICA

1 H																	2 He
3 Li	4 Be											5 B	6 C	7 N	8 O	9 F	10 Ne
11 Na	12 Mg											13 Al	14 Si	15 P	16 S	17 Cl	18 Ar
19 K	20 Ca	21 Sc	22 Ti	23 V	24 Cr	25 Mn	26 Fe	27 Co	28 Ni	29 Cu	30 Zn	31 Ga	32 Ge	33 As	34 Se	35 Br	36 Kr
37 Rb	38 Sr	39 Y	40 Zr	41 Nb	42 Mo	43 Tc	44 Ru	45 Rh	46 Pd	47 Ag	48 Cd	49 In	50 Sn	51 Sb	52 Te	53 I	54 Xe
55 Cs	56 Ba	57 La	72 Hf	73 Ta	74 W	75 Re	76 Os	77 Ir	78 Pt	79 Au	80 Hg	81 Tl	82 Pb	83 Bi	84 Po	85 At	86 Rn
87 Fr	88 Ra	89 Ac	104 Rf	105 Db	106 Sg	107 Bh	108 Hs	109 Mt	110 Ds	111 Rg	112 Cn	113 Uut	114 Uuq	115 Uup	116 Uuh	117 Uus	118 Uuo

58 Ce	59 Pr	60 Nd	61 Pm	62 Sm	63 Eu	64 Gd	65 Tb	66 Dy	67 Ho	68 Er	69 Tm	70 Yb	71 Lu
90 Th	91 Pa	92 U	93 Np	94 Pu	95 Am	96 Cm	97 Bk	98 Cf	99 Es	100 Fm	101 Md	102 No	103 Lr

Ejercicios de repaso y autoevaluación

1. ¿Qué tipo de materiales metálicos existen?

    a. De acero y de hierro.
    b. Férricos y no férricos.
    c. Poliméricos.
    d. Férricos, no férricos, poliméricos y compuestos.

2. ¿Qué es la tenacidad de un material?

_____

_____

3. ¿Qué tipos de metales y aleaciones no férricas existen?

    a. Metales ligeros.
    b. Metales pesados.
    c. Aleaciones ultraligeras.
    d. Todas las opciones son correctas.

4. ¿Qué tipo de polímeros se emplean en el montaje de conjuntos?

    a. Plásticos.
    b. Caucho.
    c. Adhesivos.
    d. Todas las opciones son correctas.

5. Mientras más alto sea el contenido en carbono en una aleación de acero...

    a. ... mejor será su templabilidad.
    b. ... mayores serán sus propiedades de mecanizado.
    c. ... mayor será su dureza y su resistencia.
    d. ... menor será su dureza.

6. Las aleaciones de aluminio expuestas a un tratamiento térmico...

a. ... son más duras y resistentes que las elaboradas en frío.
b. ... son más blandas y menos resistentes que las elaboradas en frío.
c. ... son más blandas, pero a la vez resistentes, ya que son elaboradas en frío.
d. Todas las opciones son incorrectas.

7. Los polímeros termoplásticos...

a. ... son resistentes a los agentes químicos.
b. ... son aislantes de la electricidad.
c. ... ofrecen una baja resistencia a la degradación ambiental.
d. Todas las opciones son correctas.

8. Señale la opción incorrecta

a. El punto de fusión de los polímeros es mayor que el de los materiales metálicos
b. Los polímeros elastómeros se emplean para fabricar manguitos.
c. Los polímeros termoestables suelen ser de bajo coste.
d. Los polímeros termoplásticos se pueden usar en la fabricación de pantallas de seguridad.

9. Señale la opción correcta

a. Las fibras de vidrio se emplean como material conductor de la electricidad.
b. Las fibras de vidrio es un material compuesto de coste asequible.
c. Las fibras de vidrio no se suelen emplear debido a su alta rigidez.
d. Las fibras de vidrio es un tipo de polímero termoestable que se utiliza en la reparación de plásticos, como, por ejemplo, paragolpes de automóviles.

10. ¿Qué significa AISI-SAE?

a. Es el sistema con el que se designan los materiales polímeros.
b. Es el sistema con el que se designan los materiales compuestos.
c. Es el sistema con el que se designan las aleaciones de aceros.
d. Todas las opciones son incorrectas.

Capítulo 3
Preparación de máquinas y herramientas

Contenido

1. Introducción

Los procesos de fabricación mecánica tienen por objeto modificar la materia prima o producto inicial en un producto acabado, a través de varios procesos de mecanizado (torneado, fresado, taladrado...), con el fin de agregar valor al material.

El mecanizado es un procedimiento para modificar dimensiones, formas y superficies de piezas mediante el arranque de una capa de material transformándola en viruta.

Para la realización de estas operaciones, es necesario conocer las maquinarias y herramientas que intervienen en el proceso de fabricación, así como los elementos básicos para la seguridad a la hora de la puesta en marcha y uso de los diferentes medios.

En este capítulo aprenderemos a preparar máquinas y herramientas procediendo a su afilado y puesta apunto, organizaremos el puesto de trabajo y conoceremos las tareas de mantenimiento y limpieza necesarias, teniendo en cuenta las normas de prevención de riesgos laborales y de protección del medioambiente.

2. Útiles y herramientas que intervienen en el proceso de preparación de máquinas

En el proceso de fabricación mecánica la preparación de la máquina para el mecanizado juega un papel importante, no solo a la hora de realizar un correcto procesado, sino también, si se realiza de forma correcta, para reducir costes en fabricación y aumentar la vida útil de la máquina o herramienta.

Dependiendo de la maquinaria utilizada para el procesamiento mecánico encontraremos una serie de útiles y herramientas que intervendrán en la preparación y puesta a punto de la maquinaria.

Definición

Máquina
Objeto fabricado y compuesto por un conjunto de piezas ajustadas entre sí que se usa para facilitar o realizar un trabajo determinado, generalmente transformando una forma de energía en movimiento o trabajo.

Herramienta
Instrumento, generalmente de hierro o acero, que sirve para hacer o reparar algo y que se usa con las manos o insertado en una máquina.

2.1. El torno

Es una máquina-herramienta para el mecanizado de piezas de revolución, caracterizado por el movimiento circular del portapiezas y el movimiento de avance de la herramienta. El arranque de material se da de forma continua en este tipo de máquina-herramienta.

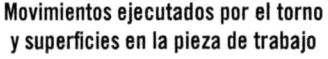

**Movimientos ejecutados por el torno
y superficies en la pieza de trabajo**

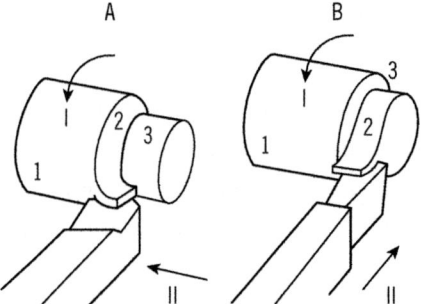

A. Torneado exterior.

B. Al refrentar y tronzar.

1. Superficie de trabajo.
2. Superficie de corte.

I. Movimiento principal.
II. Movimiento de avance.

Su origen se remonta a los primitivos tornos alfareros accionados manualmente, que permitían realizar vasijas, botijos y demás recipientes en arcilla.

En la actualidad, el torno empleado para la fabricación mecánica es el torno horizontal accionado mediante electricidad.

Torno paralelo horizontal

Herramientas de tornear

Generalmente, la herramienta usada para la mayoría de los procesos de mecanizado con el torno son las cuchillas, aunque también para generar orificios puede utilizarse broca.

Cuchilla

La **cuchilla** es una punta afilada fabricada en un material más duro que la pieza a procesar que, mediante el arranque de material, convirtiéndolo en viruta, permite obtener la forma deseada en la pieza. La cuchilla está construida con un ángulo de filo preciso que dependerá del mecanizado que realicemos en la pieza.

Definición

Viruta
Lámina fina y delgada de material que se obtiene como desecho en los procesos de fabricación con cuchillas o filos de herramienta.

Materiales

Algunos de los materiales empleados en las cuchillas para el torno son:

- **Acero para herramientas:** muy usado en industria por su bajo coste; sin embargo, su degradación es rápida.
- **Acero rápido:** el material es el mismo que el acero para herramientas, con un tratamiento de endurecimiento que provoca una degradación menor del filo de la cuchilla.
- **Aceros de aleaciones:** consiste en añadir pequeñas cantidades de cromo, manganeso, tungsteno, etc., que le confiere unas propiedades de durabilidad y resistencia mayores.

Tipos de cuchillas

En función del tipo de trabajo a realizar y de la terminación requerida, será necesario utilizar un tipo de herramienta u otro. Actualmente, en el mercado existen muchos tipos de cuchillas diferentes como las que se pueden ver en la siguiente tabla.

Cuchillas de desbaste

Para refrentado recto	1 UNE 16 103	Para refrentar recta	6 UNE 16 108
Para refrentado curvado	2 UNE 16 104	Para tronzar	7 UNE 16 109
Para refrentar curvado	3 UNE 16 105	Para desbaste de interiores	8 UNE 16 110
De filo ancho para afinar	4 UNE 16 106	Para ángulos interiores	9 UNE 16 111
De punta curvada para afinar	5 UNE 16 107	De punta recta para afinar	10 UNE 16 112

Mecanizado con tornos

Podemos diferenciar tres movimientos principales en el torno para producir el mecanizado de la pieza:

- **Movimiento de corte:** lo produce la pieza por medio de su rotación en el eje.
- **Movimiento de avance:** la cuchilla se desplaza en la misma dirección del eje de la pieza, produciendo el nuevo plano mecanizado.
- **Movimiento de profundidad:** lo realiza la herramienta marcando la profundidad de la pasada de la cuchilla.

Movimientos de trabajo de una cuchilla

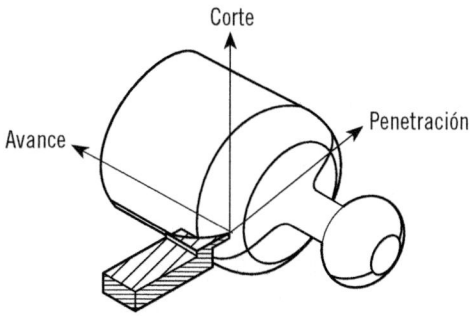

Las operaciones fundamentales que realiza un torno son:

- **Taladrado y escariado:** permiten realizar orificios, agujeros o avellanados de diferentes tamaños mediante el arranque de virutas. Las herramientas que se emplean para esta operación son brocas y escariadores de diámetro apropiado, colocados en el cabezal móvil en lugar del contrapunto.

Escariado   *Taladrado*

- **Roscado:** es una técnica que permite realizar el perfil de rosca en una pieza, tanto en su parte exterior como interior, mediante el arranque de viruta.

Fabricación de una barra roscada

- **Cilindrado:** es el procedimiento por el cual se mecaniza la pieza para obtener un cilindro recto, de dimensiones determinadas. Se suele realizar en dos fases:

  - Para el arranque de material innecesario.
  - Para obtener el acabado y la cota deseada en la pieza a mecanizar.

Esquema de una operación de cilindrado

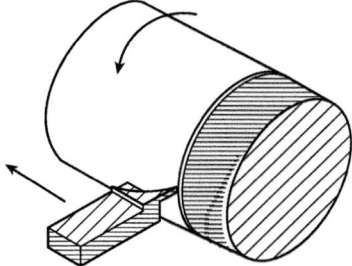

■ **Mandrinado:** es un proceso que consiste en el agrandamiento y acabado superficial de un agujero, ya existente en la pieza.

Mandrinado

■ **Ranurado:** es una técnica mediante la cual se obtienen ranuras en la pieza a mecanizar.

Ranurado

- **Tronzado:** es una técnica que permite cortar o seccionar la pieza una vez terminados todos los procesos.

Tronzado

- **Moleteado:** es una operación que consiste en grabar una superficie o imprimir un determinado dibujo en ella. La herramienta empleada en el procedimiento es la moleta y el grabado se produce por presión en la superficie de la pieza.

Proceso de moleteado

- **Torneado cónico:** es un proceso que tiene por objeto obtener troncos de conos en la barra a mecanizar. El torneado cónico es uno de los procesos más realizados en el torno.

Torneado cónico

2.2. Fresadora

Es una máquina-herramienta que realiza procesos de mecanizado por arranque de viruta, donde el movimiento principal es giratorio y lo lleva a cabo la herramienta, llamada fresa; mientras que el movimiento de avance y profundidad lo realiza la pieza. El arranque de material se da de forma intermitente en este tipo de máquina-herramienta.

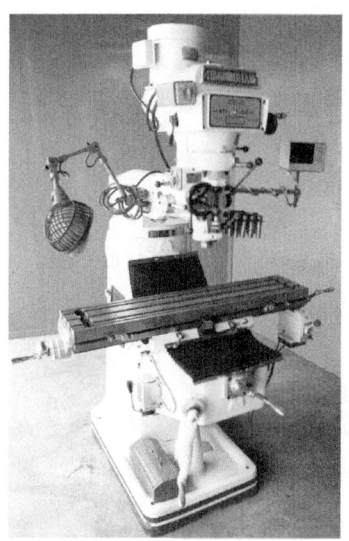

Herramientas de fresar

La herramienta que realiza las operaciones de mecanizado en la fresadora se denomina **fresa,** su forma y tamaño dependerá del proceso que se quiera llevar a cabo a la hora de mecanizar la pieza.

Fresas

Las fresas son herramientas de corte provistas de varios filos, de material más duro que la pieza a mecanizar, que trabajan arrancando material de la pieza en forma de viruta, a partir de un movimiento de giro.

Las fresas se componen de dos elementos:

■ **Cuerpo:** es la parte de la herramienta donde se sitúan los diferentes filos que efectúan el proceso de mecanizado. La forma del cuerpo de la fresa está especialmente diseñada según el mecanizado a realizar, algunas características que lo definen son:

- ■ Tipos de dentado.
- ■ Forma de las aristas de corte.
- ■ Forma de los dientes.
- ■ Paso del dentado.
- ■ Sentido de corte.

Tipos de fresas

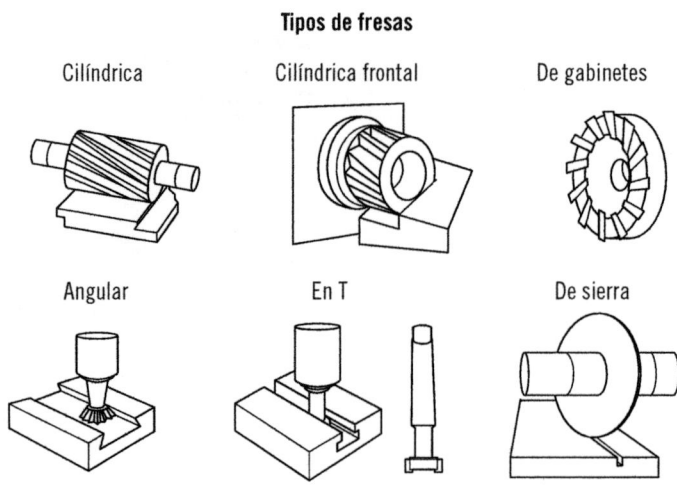

Cilíndrica	Cilíndrica frontal	De gabinetes
Angular	En T	De sierra

■ **Sistema de fijación y arrastre:** dispositivo que permite afianzar la herramienta a la máquina, realiza la función de sujeción del cuerpo de la herramienta. Encontramos dos sistemas de fijación y arrastre en la fresa:

  ∎ **Sistema con mango:** consiste en alargar el eje de la herramienta, con el fin de aumentar la superficie de agarre con el portaherramientas.

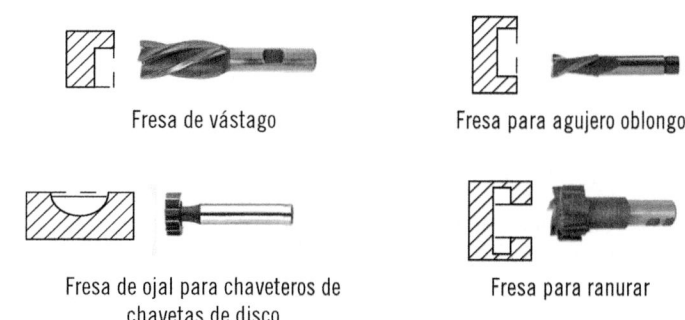

Fresa de vástago   Fresa para agujero oblongo

Fresa de ojal para chaveteros de   Fresa para ranurar
chavetas de disco

  ∎ **Sistema con agujero:** en este caso se sustituye el eje de la herramienta por un agujero de dimensiones específicas que permite el acople de forma directa con el portaherramientas.

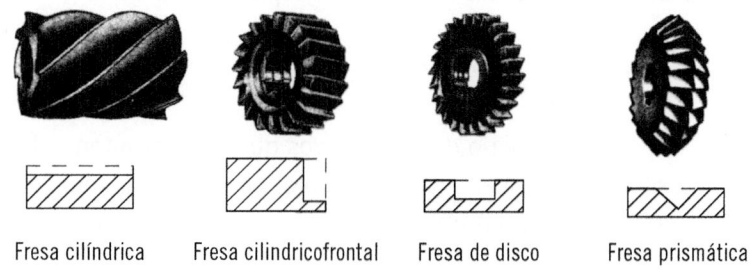

Fresa cilíndrica   Fresa cilindricofrontal   Fresa de disco   Fresa prismática

Continúa en página siguiente >>

<< Viene de página anterior

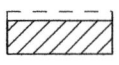
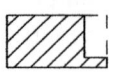
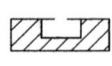

Fresa cilíndrica   Fresa cilindricofrontal   Fresa de disco   Fresa prismática

 Nota

Las fresas son herramientas que tienen una duración mayor que las empleadas en otro tipo de máquinas. Esto se debe a que parte de los filos de la herramienta se están enfriando mientras el resto se encuentran mecanizando la pieza.

Utillajes de fresado

Para realizar determinados mecanizados en piezas, puede ser necesario utilizar elementos de sujeción y aparatos divisores.

Elementos de sujeción

Son una serie de dispositivos que nos permiten colocar la pieza en el ángulo deseado permitiendo el giro de la misma. Los elementos de sujeción más empleados son:

- **El tornillo fijo y giratorio:** el tornillo dispone de unas mordazas de sujeción que permiten afianzar la pieza de forma correcta.
- **Platos giratorios y basculantes:** el dispositivo es similar al tornillo fijo y giratorio, pero además permite el giro de las mordazas.

Aparatos divisores

Es un dispositivo montado sobre la mesa de fresar que permite girar las piezas en fracciones, permitiendo una correcta y exacta colocación de la misma para el mecanizado. Este aparato permite fresar superficies de sección poligonal y es muy empleado en el tallado de engranajes. Los aparatos divisores se clasifican en:

ı Aparatos de división directa.
ı Aparatos de división indirecta.
ı Aparatos de división diferencial.

Aparato divisor

Cuerpo del cabezal divisor (carcasa)

Punzón divisor

Disco divisor para división sencilla

Disco de agujeros

Manivela divisora con punzón divisor

Mecanizados con fresadora

Los movimientos que realizan las operaciones de fresado son:

■ **Movimiento de corte:** es el movimiento principal de la herramienta, la fresa realiza un giro circular a gran velocidad que produce el arranque de viruta a través de los filos de la herramienta.
■ **Movimiento de avance:** lo realiza la pieza, y en función de su velocidad de ejecución y uniformidad obtendremos el acabado deseado.

■ **Profundidad:** para obtener el acabado deseado pueden realizarse varias pasadas por la máquina. Regulando la altura de la pieza, con respecto a la herramienta, podemos controlar la profundidad de la pasada.

Movimientos que se aplican en el fresado

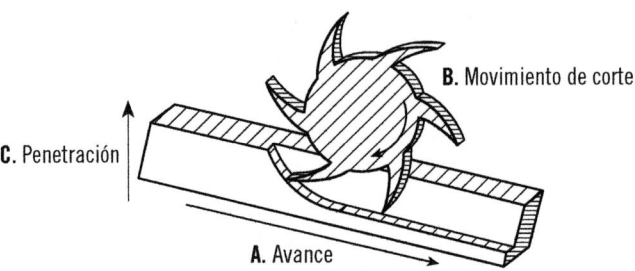

Cuando el movimiento de giro de la fresa es al contrario, se le denomina **fresado** a contramarcha. En este movimiento la pieza se encuentra directamente con el filo de la herramienta. Con el fresado a contramarcha debemos tener especia cuidado, ya que el arranque de viruta tiende a desprender la pieza de su anclaje, lo que puede producir un incorrecto mecanizado o incluso accidentes.

A continuación, podemos observar cuatro movimientos básicos de fresado:

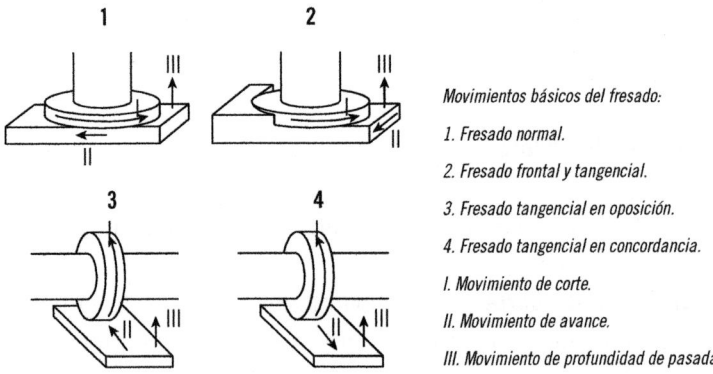

Movimientos básicos del fresado:

1. Fresado normal.

2. Fresado frontal y tangencial.

3. Fresado tangencial en oposición.

4. Fresado tangencial en concordancia.

I. Movimiento de corte.

II. Movimiento de avance.

III. Movimiento de profundidad de pasada

Operaciones

Las operaciones que fundamentalmente se realizan con la fresadora son:

Generación de planos

El movimiento de la fresa y su geometría nos permite arrancar el material sobrante en forma de viruta, generando el plano deseado en la pieza. Dependiendo de la orientación del plano que queramos realizar y la máquina que se emplee, utilizaremos distintos tipos de fresas:

- **Planos horizontales:** esta operación puede realizarse tanto con fresadoras horizontales y fresa cilíndrica como con fresadoras verticales y fresa frontal.
- **Planos verticales:** para generar planos verticales con fresadora horizontal emplearíamos fresas de disco; sin embargo con fresadora vertical usaríamos fresas frontales y con platos de cuchillas de corte frontal.
- **Planos inclinados:** con una fresadora horizontal emplearíamos fresas en ángulo; sin embargo con fresadoras universales podríamos usar fresas cilíndricas o platos de cuchillas de corte frontal, inclinando en ambos casos el cabezal.

Ranurado

Es un mecanizado que consiste en abrir huecos con la forma o el perfil adecuado en la superficie de la pieza. Según el tipo de ranura emplearemos distintos tipos de fresas. Los tipos de ranurado que podemos distinguir son:

- Ranurado tangencial.
- Ranurado de forma.
- Ranurado para chaveteros.

Corte

La fresadora provista de una sierra de corte, en forma de disco, y con sus caras laterales vaciadas permite el seccionamiento de la pieza.

Perfilado

Es un mecanizado que a través de un tren de fresas o una fresa con el diseño del perfil que queremos tallar, nos permite obtener una superficie con la forma deseada. Para este trabajo podemos emplear brocas, ruedas dentadas, matrices, etc.

Mortajado

Es un proceso que, mediante un movimiento de vaivén, nos permite realizar mecanizados rectilíneos. Para realizar este tipo de trabajo es necesario sustituir la fresa por un cabezal mortajador que transforme el movimiento circular de la herramienta en movimiento lineal alternativo a través de una biela-manivela.

 Definición

Biela-manivela
Mecanismo que transforma un movimiento circular en un movimiento de traslación o viceversa.

Taladrado

Sustituyendo las fresas por brocas del tamaño deseado podemos realizar agujeros en la pieza a mecanizar.

 **Nota**

Cuanto mayor es la velocidad de giro de la herramienta y más lento se realiza el avance de la pieza mejor es su acabado superficial.

2.3. Taladradora

Es una técnica de mecanizado que permite realizar orificios, agujeros o avellanados de diferentes tamaños mediante el arranque de virutas, el cual se realiza de forma continua. La herramienta que se emplea para esta operación es la taladradora que utiliza un movimiento de rotación para efectuar el mecanizado y, que con la ayuda de una broca, realiza el corte o arranque de virutas. El movimiento de avance lo realiza la herramienta de corte en este tipo de operaciones.

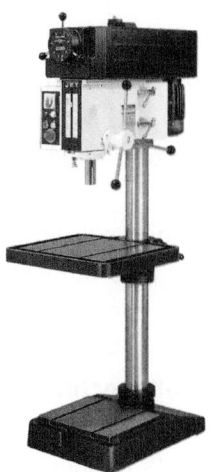

Taladradora de columna

Herramientas de la taladradora

La herramienta usual de la taladradora es la broca. El diseño helicoidal de los filos permite realizar agujeros a través del giro, transformando el material de desecho en viruta.

La broca consta de las siguientes partes:

- **Cuerpo:** formado por un cilindro con dos ranuras helicoidales en su forma longitudinal, que forman los filos de la herramienta.
- **Punta de la broca:** situada en el extremo de la herramienta, está constituida por dos aristas de corte. Son el primer elemento en contacto con la pieza a mecanizar.
- **Mango:** proporciona una superficie suficiente para el apriete y afianzamiento de la broca con la taladradora. El mango puede ser cilíndrico o cónico, opcionalmente puede tener una lengüeta de arrastre.

El **material** de la broca debe ser más resistente que el material de la pieza a mecanizar. Generalmente, las brocas están fabricadas de materiales altamente resistentes y pueden ser:

- De **acero al carbono HS:** son las más utilizadas y el porcentaje en carbono está entorno al 1 %.
- De **acero rápido HSS:** son brocas de mayor precisión y están indicadas para metales semiduros.
- De **acero rápido HSS** y **titanio:** son brocas que contienen un recubrimiento de nitruro de titanio para aumentar su dureza. Se caracterizan por una baja temperatura de corte y son ideales para taladrar el acero inoxidable.
- De **acero rápido HSS** y **cobalto rectificadas:** son brocas de máxima calidad y capaces de taladrar los metales más duros. Se caracterizan por tener especial resistencia a la temperatura y pueden funcionar a altas velocidades de corte.

 **Definición**

Nitruro de titanio
Material cerámico extremadamente duro utilizado como recubrimiento sobre componentes de aleaciones de titanio, acero, carburos y aluminio para optimizar las propiedades superficiales del sustrato.

Dependiendo del mecanizado a realizar y el material de la pieza seleccionaremos el tipo de broca más adecuado. La diferencia más significativa se encuentra en la forma de la punta de la broca. Los tipos más significativos son:

- Para **metales:** son el tipo de brocas HS o HSS. La forma de la punta y su ángulo es de 130º.
- Para **madera:** tiene una geometría helicoidal y contienen una punta para el centrado del corte.
- De **usos múltiples:** son brocas que en la punta contienen una pequeña placa de metal que facilita la extracción del polvo. Este tipo de brocas se suelen utilizar para paredes, cemento y hormigón.
- Para **vidrio:** la forma de la punta contiene una placa de metal que se debe afilar con frecuencia.
- De **despuntar:** la forma de la punta contiene una forma autocentrante. Se utilizan para taladrar puntos de soldadura.
- De **centrado:** son brocas que suelen tener dos tamaños distintos. El primero realiza la función de centrado y el segundo es el que realiza el corte a la medida deseada.
- **Cónicas:** son brocas que tienen forma cónica y se incrementan de menor a mayor su tamaño. Permiten realizar orificios de gran tamaño.
- **Brocas cañón y cabezales:** permiten realizar taladrados profundos. Las brocas con cabezales mejoran el acabado superficial del agujero.

Utillajes de la taladradora

Para realizar determinados mecanizados en piezas puede ser necesario el uso de utillaje:

- **Granete:** básicamente se trata de un punzón de acero, que nos permite señalar la posición exacta de realización del agujero en la pieza.
- **Mordazas:** su uso permite fijar la pieza, evitando posibles movimientos de la misma que puedan producir excentricidades o errores en la ejecución del mecanizado, así como la proyección de la pieza.
- **Portabrocas** y **llave de apriete:** dispositivos que a través de la llave de apriete permite afianzar de forma segura y rápida la broca.
- **Cono de Morse:** constituido por distintos conos de diámetro diferente que encajan entre sí. En este caso el afianzamiento de la broca con la máquina se realiza por tolerancia de apriete, para ello se emplean brocas y portabrocas de geometría cónica.

Mecanizados con la taladradora

Los movimientos que intervienen en un proceso de taladrado pueden identificarse como:

- **Movimiento de corte:** lo realiza la broca mediante el giro del husillo.
- **Movimiento de avance:** lo efectúa la herramienta a través del volante que permite el desplazamiento de esta en sentido vertical.

La taladradora además de la mecanización de agujeros, permite la realización de las siguientes operaciones:

- **Escariado:** procedimiento que permite obtener la dimensión y acabados requeridos en un agujero previamente realizado en la pieza a mecanizar.

Escariador

- **Avellanado:** esta operación consiste en realizar una hendidura o achaflanado a la entrada de un agujero, con el objeto de servir de alojamiento a la cabeza de los tornillos.

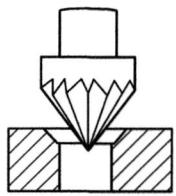

- **Retaladrado:** operación similar al escariado, consiste en el agrandamiento del diámetro de un agujero ya existente en la pieza.

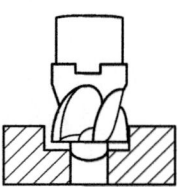

- **Abocardado:** proceso de desbarbado o eliminación de las rebabas mediante una herramienta de avellanado.

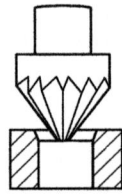

■ **Refrentado:** proceso de aplanado o acabado de la superficie alrededor del agujero. Este procedimiento tiene por objeto establecer una correcta superficie de apoyo a las arandelas.

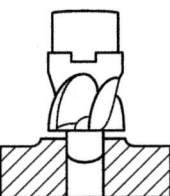

■ **Trepanado:** operación que permite la obtención de agujeros de gran diámetro, permitiendo conservar el interior o núcleo del agujero. La herramienta es hueca y la potencia necesaria es menor que en el taladrado.

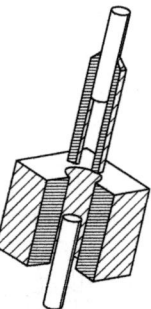

■ **Roscado:** proceso que permite efectuar roscas, a través de machos de roscar, en agujeros previamente mecanizados.

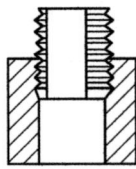

2.4. La mandrinadora

Es un tipo de taladradora en la que la disposición del husillo es horizontal, lo que permite la realización de agujeros horizontales.

La **taladradora horizontal** o **mandrinadora** es una máquina-herramienta muy versátil, ya que al poseer un cabezal desplazable en el eje vertical permite la realización de mecanizados muy diversos de forma flexible.

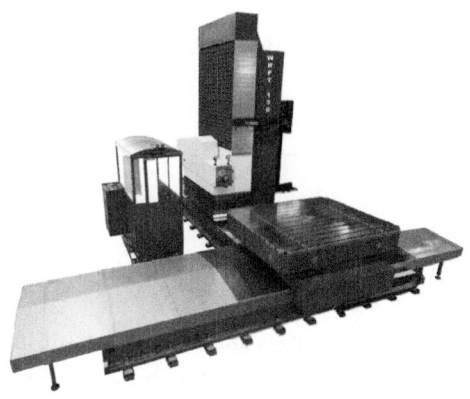

Mandrinadora

Herramientas de la mandrinadora

La herramienta utilizada en la mandrinadora es la barra de mandrinar, sin embargo, podemos acoplar una gran variedad de herramientas según el mecanizado a realizar.

Según el sistema de fijación de las herramientas, podemos clasificarlas en dos grupos:

- **Herramientas en voladizo:** en este grupo se encuentran herramientas como la broca, el mandril, los escariadores, las cuchillas, el cabezal universal, etc.

■ **Herramientas apoyadas:** estas herramientas, además de ir fijadas al plato del eje de trabajo, se sostienen en su extremo opuesto en el cojinete de la luneta. Para el empleo de este tipo de herramientas se hace uso de la barra de mandrinar.

 Definición

Barra de mandrinar
Barra de acero templado con una serie de huecos que permiten la fijación de herramientas radiales.

Utillaje de la mandrinadora

A continuación, se van a mostrar dos de los utillajes específicos más utilizados para realizar determinados mecanizados en piezas.

■ **Barra de mandrinar**

■ **Portaherramientas**

Mecanizados con mandrinadora

Los movimientos principales que realizan las operaciones de mecanizado son:

- **Movimiento de corte:** lo realiza la herramienta a través de un movimiento de rotación o giro.
- **Movimiento de avance:** el avance del mecanizado puede realizarse tanto por desplazamiento axial de la herramienta como por desplazamiento longitudinal de la pieza.
- **Profundidad:** lo realiza la herramienta a través del movimiento radial de la misma.

Las operaciones de mecanizado más usuales con la mandrinadora son el mandrinado, es decir, el agrandado de agujeros por medio de cuchillas o brocas; sin embargo, se pueden realizar otras tareas como:

- Avellanados.
- Refrentados.
- Roscados.
- Escariados.
- Retaladrados.
- Ranurados.
- Cortes.

2.5. La rectificadora

Es una máquina-herramienta que se emplea en el mecanizado de alta precisión, para conferirle a la pieza tratada tolerancias muy ajustadas y superficies extremadamente pulidas.

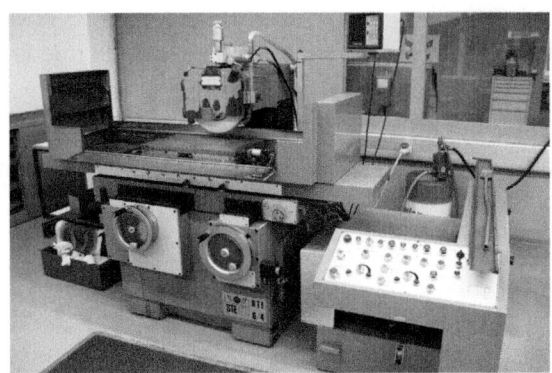

Rectificadora

Aunque la rectificadora mantiene una gran similitud con el torno o la fresadora, en cuanto a las partes que la componen, el proceso de mecanizado difiere con estas últimas en el empleo de muelas abrasivas en vez de cuchillas.

Herramientas de la rectificadora

La herramienta comúnmente usada en la rectificadora es la muela. Las muelas se fabrican con materiales abrasivos cuya superficie, al ser girada a gran velocidad, produce el desbaste, o limpieza de rebabas de la pieza a mecanizar.

 Definición

Desbaste
Estado de cualquier materia que se destina a labrarse, después de que se la ha despojado de las partes más bastas.

Los abrasivos se emplean generalmente para operaciones de limpieza, pulimentado o acabado sin realizar arranques importantes de material.

Existen dos **tipos** de abrasivos:

- **Abrasivos naturales:** provienen directamente de la naturaleza.
- **Abrasivos artificiales:** son elementos tratados para desarrollar de forma más eficiente las tareas de desbaste.

El mecanizado con muelas se utiliza fundamentalmente en el afilado de herramientas, en el desbaste y pulido de superficies, rectificado y tronzado de piezas.

A partir de la clasificación anterior podemos distinguir dos tipos de muelas:

- **Muelas naturales:** están formadas por piedras naturales cortadas en forma de disco o rueda. El abrasivo constituido por granos de sílice se utiliza generalmente para el afilado de herramientas.
- **Muelas artificiales:** son las de mayor utilización en la industria, están fabricadas de acuerdo a las necesidades específicas de aplicación y en base a sistemas normalizados, especificando características y parámetros de la muela.

Parámetros de las muelas

Conocer los distintos parámetros que intervienen nos va a permitir seleccionar la muela óptima según el mecanizado a realizar:

- **Naturaleza del abrasivo:** generalmente los abrasivos utilizados en industria son artificiales.
- **Tamaño del grano:** del tamaño del grano depende la calidad superficial de la pieza, es decir, cuanto menor sea su tamaño mejor es su acabado.
- **Grado de dureza:** el grado de dureza muestra la resistencia que ofrece cada grano a la hora de arrancar material de la pieza.
- **Grado de porosidad:** indica el tamaño y el número de huecos existentes en la muela.

- **Naturaleza del aglomerante:** indica el material principal del que está constituida la muela.
- **Estructura:** en una muela la estructura muestra la forma en la que el aglomerante se posiciona a la hora de formar la muela.

Formas de las muelas

Además de los parámetros estudiados anteriormente podemos encontrar una distinción complementaria a las muelas, como es su forma o geometría.

La geometría de las muelas dependerá del mecanizado a realizar en la pieza.

Las formas de muelas más empleadas en los procesos de fabricación son:

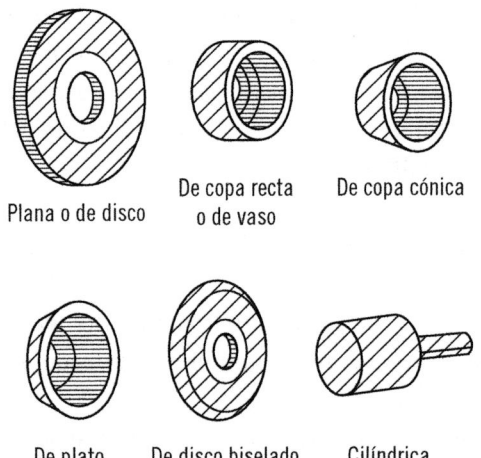

Plana o de disco

De copa recta o de vaso

De copa cónica

De plato

De disco biselado

Cilíndrica

Mecanizados con la rectificadora

Los movimientos que realizan las operaciones de rectificadora son:

- **Movimiento de corte:** es el movimiento principal de la herramienta. La muela realiza un giro circular a gran velocidad que produce el desbaste o pulido de la pieza.
- **Movimiento de avance:** puede realizarlo la pieza o la herramienta, en función de tipo de máquina utilizada.
- **Profundidad:** para obtener el acabado deseado pueden realizarse varias pasadas por la máquina. Regulando la altura de la pieza, con respecto a la herramienta, podemos controlar la profundidad de la pasada.

Las **operaciones** de mecanizado más usuales con la rectificadora son:

- Rectificado de piezas.
- Pulido de superficies.
- Desbaste de material excedente.
- Limados.

2.6. La cepilladora

Hasta ahora se han analizado las máquinas-herramientas cuyo proceso de mecanizado se caracteriza por el arranque de viruta mediante un movimiento de giro, realizado por la herramienta o por la pieza. En esta ocasión, es el turno de máquinas cuyo proceso de mecanizado se realiza a través de un movimiento rectilíneo.

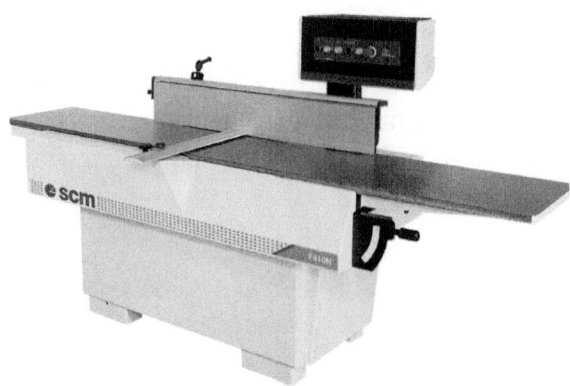

Cepilladora

Herramientas de la cepilladora

Al igual que el torno, la cepilladora emplea herramientas de filo único, como es el caso de las cuchillas, aunque la longitud de las mismas puede ser de más del doble de las cuchillas normalmente empleadas en el torno.

Generalmente, las herramientas utilizadas para los procesos de limado o cepillado están construidas en acero rápido y son de gran robustez, debido a que su gran longitud puede generar esfuerzos que ocasionan la rotura de la herramienta de forma prematura.

Algunas cuchillas tienen el filo simétrico de forma que puede mecanizar en dos sentidos, como podemos ver en la siguiente imagen:

**Herramienta para realizar
un acabado por cepillado**

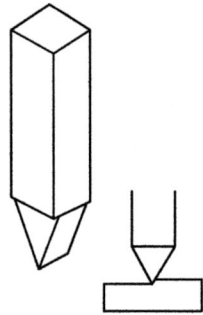

Del tipo de mecanizado a realizar dependerán las características geométricas de las herramientas. A continuación, se muestran un conjunto de cuchillas empleadas en el mecanizado de piezas en la cepilladora o la limadora.

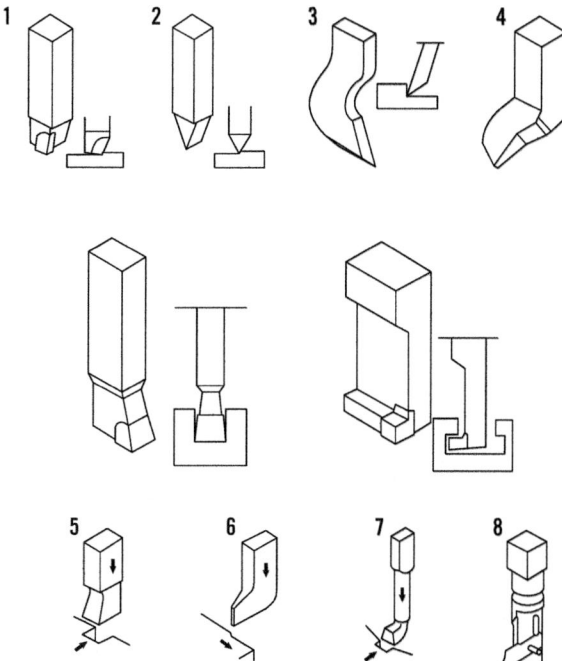

1. Herramienta para desbastar
2. Herramienta para acabar
3. Herramienta en cuello de cisne para ángulos
4. Herramienta curvada para mecanizado en ángulo
5. Herramienta de desbaste
6. Herramienta para perfilar
7. Herramienta para chanelero
8. Herramienta oscilante

Mecanizados con la cepilladora

Los **procesos** de mecanizado más usuales con cepilladoras son:

- **Planeado:** es prácticamente la función principal para la que fue diseñada la cepilladora. Este procesado consiste en mecanizar superficies planas, comúnmente conocido como aplanado. Podemos encontrar varios tipos de aplanados dependiendo de la posición del plano:

  - Planeado horizontal.
  - Planeado vertical.
  - Planeado inclinado.

- Obtención de superficies cilíndricas, tanto cóncavas como convexas.
- Obtención de **superficies cónicas.**
- Obtención de **superficies con un perfil especial diseñado previamente.**
- Obtención de **ranuras.**

2.7. La mortajadora

El aspecto más significativo que diferencia a la mortajadora del resto de limadoras es el movimiento vertical de la herramienta para efectuar el proceso de mecanizado.

Generalmente, las mortajadoras se utilizan en el mecanizado interior de agujeros, en la realización de chaveteros para uniones desmontables o en trabajos de mecanizado en serie.

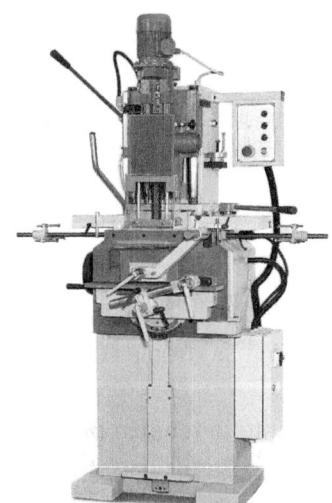

Mortajadora de cabeza inclinable

Los **movimientos** principales que forman el proceso de mortajado son:

- **Movimiento de corte:** lo genera la herramienta a partir de un desplazamiento vertical y rectilíneo de ida y vuelta.

- **Movimiento de avance:** lo realiza la pieza y puede ser tanto un desplazamiento transversal como circular de la pieza.
- **Movimiento de profundidad:** este movimiento está generado por el desplazamiento longitudinal o axial de la pieza.

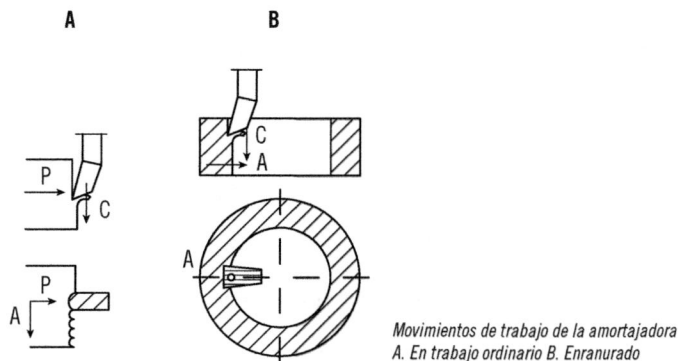

Movimientos de trabajo de la amortajadora
A. En trabajo ordinario B. Enranurado

En la mortajadora se pueden distinguir las siguientes partes:

- **Bastidor:** generalmente fabricado en fundición, se comporta como el elemento resistente que realiza la función de sujeción de los distintos dispositivos que conforman la máquina-herramienta. El bastidor está provisto de diferentes guías tanto en la parte inferior como superior para el desplazamiento de la mesa portapiezas.
- **Mesa portapiezas:** es un elemento acoplado en las guías del bastidor que permite el desplazamiento transversal y longitudinal de la pieza. Además podemos regular su desplazamiento vertical a través de un volante acoplado a un vástago.
- **Cabezal portaherramientas:** es un elemento provisto de los dispositivos necesarios para el accionamiento de la herramienta. Permite el giro en el plano vertical además de generar el movimiento rectilíneo de vaivén a partir de un mecanismo biela-manivela. Puede ajustarse de forma muy precisa el comienzo y final de la herramienta a la hora de realizar el mecanizado.

Utillaje de la mortajadora

La mortajadora puede estar provista de aparatos divisores, acoplados a la mesa portapiezas, que permitan el giro del elemento a mecanizar, de esta forma nos permiten obtener giros precisos y realizar mecanizados complejos.

Disposición y colocado de la herramienta en la mortajadora

En la siguiente imagen podemos observar de perfil la disposición horizontal de la cuchilla en la mortajadora, para realizar las tareas de mecanizado mediante un movimiento de ida y vuelta vertical.

Herramienta para mortajadora

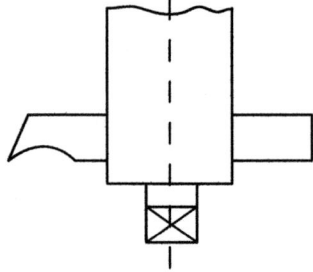

Mecanizados con la mortajadora

Los mecanizados más comunes que se pueden realizar en la mortajadora vienen relacionados con el procesamiento interior de los agujeros, así se pueden distinguir los siguientes procedimientos:

- Dentados interiores.
- Ranurados para chavetas.
- Planeado de superficies interiores.
- Aberturas de forma poligonal.

3. Elementos básicos de seguridad en máquinas, útiles y sistemas de puesta en marcha y parada

Un aspecto importante en el manejo de máquinas-herramientas en industrias es el conocimiento de los elementos básicos de seguridad en máquinas, así como los sistemas de puesta en marcha y parada. El conocimiento de estos sistemas nos permitirá trabajar de forma correcta y segura, disminuyendo así la cantidad y gravedad de los accidentes a la hora de procesar con maquinaria.

Por tanto, es fundamental conocer los elementos de los que se componen las maquinarias empleadas en los procesos de fabricación mecánica. A continuación, exponemos los elementos más característicos de los que se componen las diferentes máquinas.

3.1. Elementos del torno

A continuación, se listan los distintos componentes que conforman el torno:

- **Bancada o bastidor:** es el órgano resistente del torno, ya que soporta los distintos elementos que conforman la máquina, además su parte inferior está apoyada en el suelo del taller.
- **Cabezal y contrapunto:** el cabezal es el dispositivo que fija la pieza para la aplicación del movimiento circular, mientras que el contrapunto realiza función de sujeción en el extremo opuesto de la pieza para evitar desplazamientos o excentricidades. El cabezal se acopla con el husillo, que es el eje del accionamiento principal.
- **Motor y transmisión:** son los elementos encargados de transferirle movimiento a la máquina y permite la regulación de la velocidad de los distintos dispositivos, así como la inversión del movimiento. Como dispositivos principales podemos destacar:

  - **Lira** o **guitarra:** está compuesta por diferentes engranajes, cuya función es poder variar la velocidad de giro de la máquina.

- **Inversor:** es un mecanismo que permite el cambio del sentido de giro del movimiento principal.
- **Husillo:** está compuesto por un tornillo sinfín, que al girar produce el movimiento y ajuste de la bancada.

■ **Herramientas:** son las encargadas de realizar las operaciones de desbaste o arranque de material, que permiten conseguir el acabado final de la pieza.

■ **Dispositivos de lubricación y refrigeración de la máquina:** son los encargados de evitar el excesivo desgaste de las herramientas y dispositivos que intervienen en el proceso de mecanizado.

Elementos externos del torno

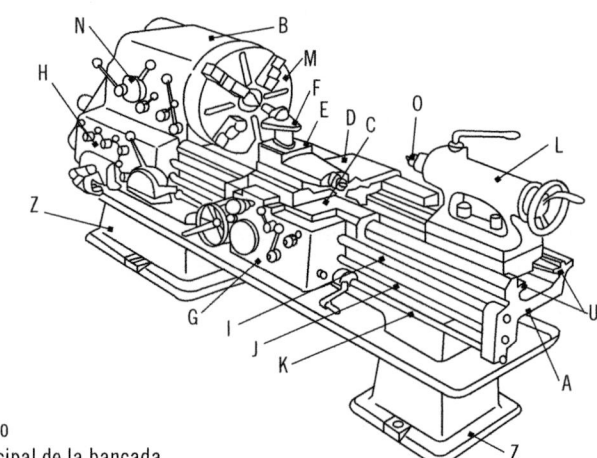

A. Bancada
B. Cabezal fijo
C. Carro principal de la bancada
D. Carro de desplazamiento transversal
E. Carro superior portaherramientas
F. Portaherramientas
G. Caja de movimiento transversal
H. Mecanismo de avance
I. Tornillo de roscar o patrón
J. Barra de cilindrar
K. Barra de avance

L. Cabezal móvil
M. Plato de mordaza (husillo)
N. Palancas de comando del movimiento de rotación
O. Contrapunto
U. Guía
Z. Patas de apoyo

3.2. Elementos de la fresadora

Los elementos principales de los que consta una fresadora son:

- **Cuerpo de la fresadora:** elemento resistente principal que soporta el husillo de fresar, el motor y los diferentes mecanismos que generan el movimiento principal y de avance.
- **Husillo de fresar:** recibe la energía del motor y genera el movimiento en el sentido deseado para transmitirlo al árbol porta fresas.
- **Brazo superior:** elemento que sustenta y rigidiza el árbol porta fresas.
- **Porta fresas:** dispositivo que soporta y afianza la fresa para producir el mecanizado.
- **Mesa portapiezas:** superficie de trabajo y apoyo de la pieza que puede ajustarse horizontalmente mediante unas guías, además se puede desplazar manual o automáticamente generando el movimiento de avance de la pieza.
- **Mesa de consola:** soporta la mesa portapiezas y permite la graduación vertical de la mesa.
- **Volante con tambor graduado:** se utiliza para desplazamientos del carro transversal.
- **Base:** elemento que se apoya directamente en el suelo del taller y aguanta el cuerpo de la máquina.
- **Motor:** elemento que genera el movimiento de trabajo de la fresadora.
- **Caja de cambios:** dispositivo que permite regular la velocidad de giro de la fresa mediante una serie de engranajes.
- **Fresa:** herramienta provista de varios filos que mediante el giro de la misma realiza el arranque de viruta o mecanizado.

Elementos exteriores principales de la fresadora

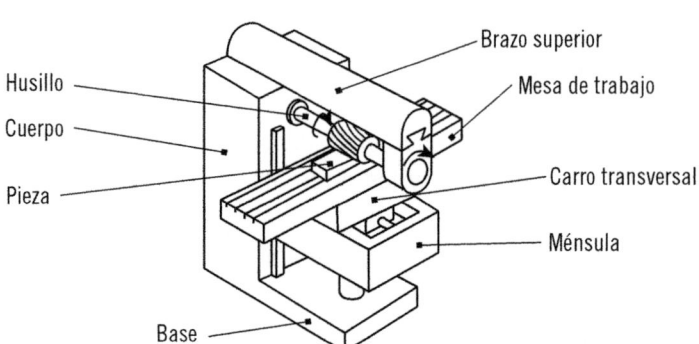

Además, las fresadoras universales pueden estar provistas de los siguientes elementos:

- **Plato divisor:** dispositivo que permite girar la pieza y orientarla de forma exacta.
- **Soporte con contrapunto:** sirve para fijar la pieza entre dos puntos.

3.3. Elementos de la taladradora

En la industria podemos encontrar varios tipos de taladradoras, aunque la más empleada en los talleres de fabricación es la taladradora de columna, esta máquina-herramienta se compone de las siguientes partes:

- **Bancada** o **base:** constituye el plano de apoyo de la taladradora con la mesa taller, su extremo está unido con la columna de la máquina.
- **Columna:** está formada por el eje al que se acoplan los diferentes elementos de la máquina. Su parte inferior se fija con la bancada de la taladradora, la cual permite el deslizamiento de la máquina en el eje vertical.
- **Brazo:** elemento situado en la parte superior de la columna. Soporta los dispositivos que le confieren el movimiento a la herramienta.
- **Husillo portaútil:** permite afianzar la herramienta y le confiere el movimiento de giro principal de la máquina.

- **Motor:** dispositivo que acoplado al husillo genera el moviendo de corte y/o avance de la herramienta.
- **Mesa de trabajo:** superficie horizontal que permite el apoyo de la pieza a mecanizar, además puede estar provista de elementos de sujeción.
- **Rueda** o **volante de avance:** mecanismo que produce el deslizamiento vertical de la herramienta, confiriéndole el movimiento de avance a la máquina (este puede ser de acción manual o automática).
- **Caja de engranajes:** conjunto de elementos que permiten variar la velocidad de giro de la herramienta.

Elementos que intervienen directamente en el funcionamiento de la taladradora

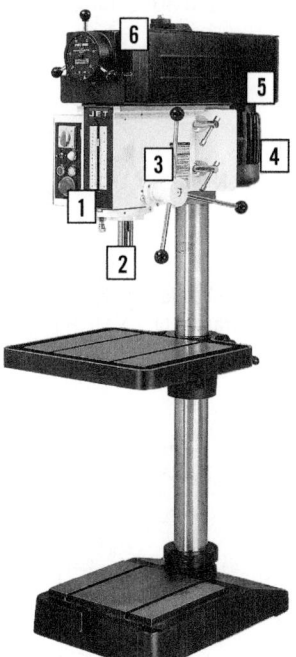

1. Eje conducido
2. Mandril: sujeta la broca
3. Control de avance: permite desplazar verticalmente la broca
4. Motor: crea el movimiento giratorio
5. Eje conductor
6. Sistema de poleas: transmite el giro de un eje a otro

3.4. Elementos de la mandrinadora

Existen varios tipos de mandrinadoras en la industria, los principales elementos que componen cualquier tipo de mandrinadora son:

- **Bancada:** forma el elemento soporte de toda la maquinaria y se encuentra apoyado en el suelo del taller en su parte inferior.
- **Bastidor:** elemento acoplado a la bancada cuya misión es soportar el cabezal donde se encuentra el husillo.
- **Mesa portapiezas:** superficie horizontal de apoyo de las piezas a mecanizar.
- **Carro longitudinal:** este unido a la mesa portapiezas y sobre raíles a la bancada permite el desplazamiento de la pieza en la superficie horizontal.
- **Cabezal:** elemento que alberga en su interior al sistema que produce el movimiento del husillo, a través del motor, y los distintos elementos de transmisión.
- **Guías del cabezal:** a través de los raíles existentes en el bastidor y mediante un tornillo se puede desplazar verticalmente el cabezal.
- **Husillo principal** y **husillo** para la transmisión de avances de la mesa portapiezas.

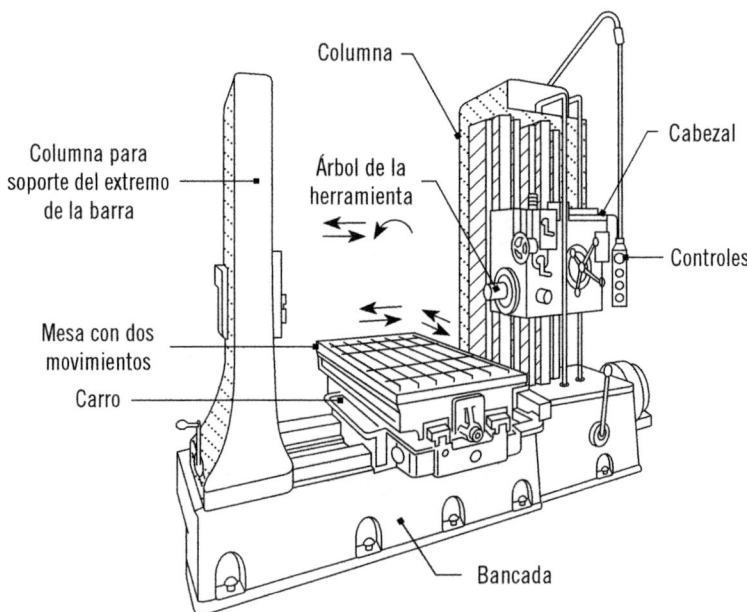

3.5. Elementos de la rectificadora

En la rectificadora podemos distinguir las siguientes partes:

- **Cuerpo de la rectificadora:** está compuesto por el elemento resistente principal que soporta el husillo, el motor y los diferentes mecanismos que generan el movimiento principal.
- **Mesa portapiezas:** superficie de trabajo y apoyo de la pieza, que puede ajustarse horizontalmente mediante unas guías (estas se pueden desplazar manual o automáticamente generando el movimiento de avance de la pieza).
- **Brazo:** elemento que sustenta y rigidiza el árbol portamuelas.
- **Husillo:** recibe la energía del motor y genera el movimiento en el sentido deseado para transmitirlo al árbol portamuelas.
- **Volante con tambor graduado:** se utiliza para desplazamientos del carro transversal.

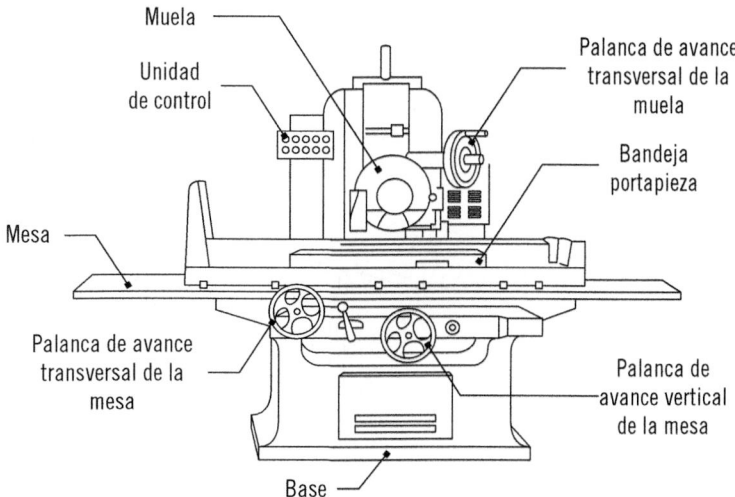

3.6. Elementos de la cepilladora

Los elementos fundamentales que conforman la cepilladora son:

- **Bancada:** constituye el plano de apoyo de la taladradora con la mesa taller, su extremo está unido con la columna de la máquina.
- **Mesa portapiezas:** superficie horizontal que permite el apoyo de la pieza a mecanizar y puede estar provista de elementos de sujeción.

- **Guías:** son ranuras realizadas en la bancada que permiten el desplazamiento horizontal de la mesa portapiezas.
- **Portaherramientas:** elemento cuya función es servir de fijación y soporte de las herramientas a la máquina.
- **Cabezal:** elemento que alberga en su interior al sistema que produce el movimiento del husillo, a través del motor, y los distintos elementos de transmisión.
- **Volante** o **vástago:** permite el movimiento de avance.
- **Topes:** permiten regular la carrera de la mesa.
- **Palanca de inversión:** realiza la inversión del movimiento de la mesa de forma automática.

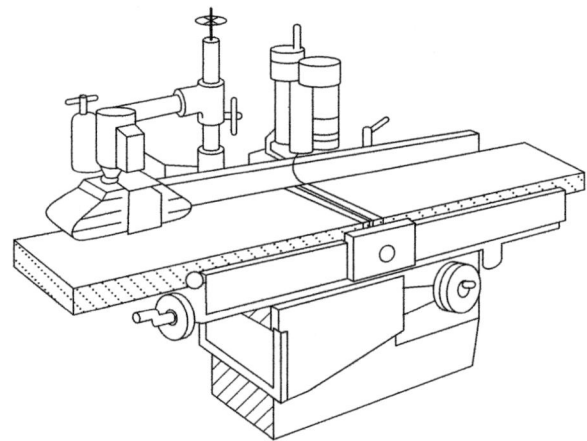

3.7. Puesta en marcha y parada de máquinas

A continuación, se expondrán algunos de los pasos que deben realizarse a la hora de operar con las maquinarias estudiadas. Es importante conocer los sistemas de puesta en marcha y parada, y los sistemas de emergencia provistos en la máquina. Es fundamental haber consultado previamente todos estos sistemas en la hoja de instrucciones y manejo que adjunta cada fabricante con la máquina, antes de proceder a su manejo por parte del usuario. En caso de pérdida de dicho documento, es conveniente ponerse en contacto con el fabricante que facilitará al usuario o empresa el manual de la máquina.

Elementos de seguridad para actuar sobre la máquina en caso de emergencia

Los pasos que a continuación se exponen son una breve muestra de algunas situaciones que se deben tener en cuenta a la hora de trabajar con la maquinaria industrial estudiada, en ningún caso sustituyen las recomendaciones aportadas por el fabricante en el manual adjunto.

Recomendaciones generales

A continuación, se muestran algunas recomendaciones generales que se deben tener en cuenta para garantizar la seguridad y el correcto procesado a la hora de operar con máquinas-herramientas:

- Los interruptores y demás dispositivos de puesta en marcha de las máquinas, se deben asegurar para que no sean accionados involuntariamente.
- Todas las operaciones de comprobación, medición, ajuste, etc., deben realizarse con la máquina en modo parada.
- Los dispositivos de funcionamiento, como los engranajes, correas de transmisión, poleas, cadenas e incluso los ejes lisos que sobresalgan, deben ser protegidos por cubiertas.
- Evitar distracciones a la hora de operar con máquinas-herramientas.

Funcionamiento del torno

El torno es una máquina de aplicación industrial, cuyo accionamiento suele ser eléctrico. Para poner en marcha el torno necesitamos conectarlo a una base de enchufe y, posteriormente, presionar el botón de encendido. Algunos tornos vienen provistos de una mampara o cubierta para evitar la proyección de virutas o partículas desprendidas durante el mecanizado, sin la protección de este elemento el torno puede quedar bloqueado y no iniciar su movimiento. Todos los dispositivos de seguridad instalados en la máquina, como pulsadores, mamparas, pedales, etc., deberán estar correctamente instalados. En caso de emergencia, el torno dispone de elementos de seguridad, que de ser acciona- dos provocan la parada por corte del suministro eléctrico de la máquina.

A la hora de trabajar con un torno es conveniente seguir estos pasos:

- Planificar el mecanizado a realizar, tener claro el proceso a seguir y es- tudiar la forma más conveniente de realizarlo. Una buena planificación en el mecanizado puede ahorrar tiempo y costes en el trabajo, haciendo más eficiente y económico el proceso, de forma que se contribuye al respeto por el medioambiente.

- Comprobar la máquina y observar la correcta disposición de todos los elementos que intervienen en el proceso. Durante los procesos de pre- paración, la maquinaria debe estar desconectada.

- Elegir el material a mecanizar y seleccionar las herramientas a utilizar, estas se afianzarán en el portaherramientas de forma segura. Seguida- mente, colocar la pieza a mecanizar en el portapiezas ubicándola de forma adecuada y segura. Nunca olvidar retirar la herramienta de apriete del portaherramientas o portapiezas, ya que esta puede salir proyectada cuando se inicie la puesta en marcha de la máquina.

- Para iniciar el mecanizado, enchufar la máquina-herramienta al cone- xionado eléctrico y pulsar el botón de encendido o puesta en marcha, seleccionar la velocidad de corte y avance de la herramienta, según requiera el proceso. Pulsar el botón que inicia la refrigeración en la he- rramienta y comenzar a trabajar sobre la pieza.

- Una vez finalizado el proceso de mecanizado, desconectar la máquina de forma adecuada y cortar el suministro eléctrico de la misma. Ex- traer la herramienta utilizada, limpiar la máquina y disponerla de forma correcta para un posterior mecanizado. Nunca se debe operar directa- mente sobre los elementos de la máquina que puedan causar lesiones o accidentes. Si es necesario actuar sobre ellos, hay que desconectar la máquina cortando el suministro eléctrico para trabajar con seguridad.

 **Nota**

Los procesos de funcionamiento expuestos son solo un ejemplo a título informativo. A la hora de trabajar algunos de los procesos pueden sufrir cambios o suprimirse dependiendo de las exigencias y peculiaridades del procesado a realizar.

El proceso del taladrado

Mediante la técnica del taladrado se pueden realizar agujeros de forma cónica o circular, lo cual permite hacer agujeros pasantes, ciegos o avellanados. Esto dependerá de la profundidad con la que se taladre la pieza.

El **proceso** a seguir para realizar el taladrado de una pieza u objeto es el siguiente:

1. **Planificar el mecanizado** que se va a realizar en la pieza y comprobar el funcionamiento de la máquina.
2. **Introducir la broca en el portabrocas del taladro y fijar su sujeción.** Dependiendo del tipo de taladro es posible que se deba utilizar una llave para apretar el portabrocas.
3. Con la ayuda de una mordaza, **sujetar firmemente la pieza** para evitar movimientos de la misma.
4. **Seleccionar la zona a taladrar.** Es conveniente hacer un centrado con la ayuda de un granete o puntero para evitar que resbale la broca. En los casos en los que se realice un agujero de gran diámetro, es aconsejable realizarlo de forma escalonada con diferentes brocas de menor a mayor.
5. **Seleccionar la velocidad de corte.** Esta dependerá del tipo de material de la pieza, no obstante, como norma general, cuanto mayor diámetro tenga la broca menor debe ser la velocidad de giro.
6. **Realizar el avance introduciendo la broca en la pieza.** La velocidad de avance dependerá del material de la pieza y el tipo de broca utilizado. Hay que tener en cuenta que el avance se realiza ejerciendo presión con la broca en la pieza. Si se realiza una presión excesiva puede romper o

quemar la broca; en cambio, si la presión es demasiado baja se puede producir un embotamiento.

7. En casos en los que se taladre por mucho tiempo continuado, es conveniente **refrigerar el corte** para evitar temperaturas excesivas que estropearán la broca. Como norma general, se suele utilizar aceite mineral o taladrina, aunque el tipo de refrigerante dependerá del material y la broca con la que se esté trabajando.

 Definición

Taladrina
Emulsión o solución oleosa utilizada como lubricante y refrigerante en el mecanizado de piezas y superficies metálicas.

Funcionamiento de la fresadora

La fresadora es una máquina-herramienta de uso industrial, generalmente de accionamiento eléctrico, por lo que es necesaria la disposición de una base de enchufe cercana a la máquina para su puesta en marcha.

Algunas fresadoras vienen provistas de una mampara o cubierta para evitar la proyección de partículas. Sin la protección de los elementos de seguridad, la fresadora puede quedar bloqueada y no iniciar su movimiento. Todos los dispositivos de seguridad (pulsadores, mamparas, pedales, etc.) instalados en la máquina deberán estar correctamente instalados. En caso de emergencia la fresadora dispone de elementos de seguridad que, de ser accionados, provocan la parada por corte del suministro eléctrico de la máquina.

Dispositivos de seguridad de una fresadora

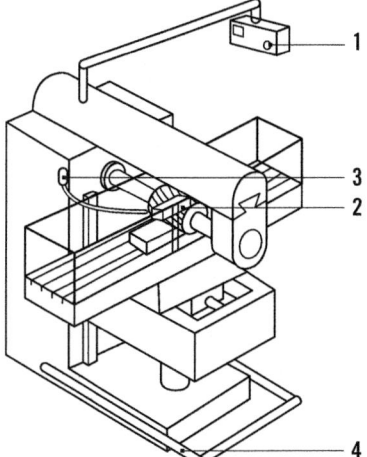

1. Parada de emergencia
2. Resguardo móvil con dispositivo de enclavamiento o contacto asociado al mando
3. Barra con detector sensible, parada de emergencia
4. Refrigeración por fluido de corte

A la hora de trabajar con la fresadora es conveniente seguir estos pasos:

Primeramente, planificar el mecanizado a realizar, tener claro el proceso a seguir y estudiar la forma más conveniente de realizarlo.

Una vez realizado el primer paso, comprobaremos la máquina y observaremos la correcta disposición de todos los elementos que intervienen en el proceso. Durante los procesos de preparación, la maquinaria debe estar desconectada de forma que evite arranques improvistos.

 Nota

La mayoría de los accidentes que se producen en un taller se deben a la manipulación incorrecta de la maquinaria y de sus elementos por parte del operario.

Elegir el material a mecanizar y seleccionar las herramientas a utilizar, afianzándolas de forma segura en el portafresas. Seguidamente disponer la pieza a mecanizar en la mesa portapiezas, colocándola de forma adecuada y segura.

Para iniciar el mecanizado, conectar la máquina-herramienta, pulsar el botón de encendido o puesta en marcha, seleccionar la velocidad de corte y avance de la herramienta, según requiera el proceso, conectar el dispositivo de refrigeración y comenzar la mecanización de la pieza.

Una vez finalizado el proceso de mecanizado desconectar la máquina de forma adecuada y cortar el suministro eléctrico de la misma. Extraer la herramienta utilizada, limpiar la máquina y disponerla de forma correcta para un posterior mecanizado.

3.8. Dispositivos de seguridad

Los elementos de seguridad, como mamparas, cubiertas, barandas, etc., deben reunir los siguientes requisitos:

- Ser eficaces debido a su diseño.
- Son fabricados en materiales resistentes que cumplan con su funcionamiento.
- Permitirán la realización de tareas de reparación o ajuste de la maquinaria, así como llevar a cabo las tareas de mantenimiento.
- No constituirán riesgos por sí mismos.
- Su montaje solo podrá realizarse de forma intencionada.

Máquina-herramienta con mampara de seguridad

4. Mantenimiento de primer nivel. Engrase y sustitución de piezas básicas

El trabajo con máquinas-herramientas exige un mantenimiento sencillo y diario, por parte del usuario, para su correcto funcionamiento. Tareas como ajuste, engrase, sustitución de piezas o limpieza son algunas de las actividades a realizar por el operario en su día a día. A continuación se muestran algunos pasos que han de realizarse para el correcto mantenimiento de la máquina.

4.1. Mantenimiento y limpieza del torno

El torno es una máquina-herramienta compleja y de elevado coste que requiere mantenimiento y puesta a punto tanto por parte del personal de mantenimiento como del operario que hace uso del mismo.

 Nota

Realizar un correcto mantenimiento y uso de los equipos prolonga la vida de estos en torno a un 30 % y disminuye el número de averías de forma considerable.

El mantenimiento que debe realizar el operario a la hora de mecanizar con un torno es:

- **Comprobar el nivel de aceite y el estado de este.** Los procesos de mecanizado pueden consumir aceite, por lo que será necesario reponerlo o sustituirlo completamente si el contenido de impurezas es alto.
- **Comprobar el nivel de refrigerante.** El uso del refrigerante disminuye la temperatura en la herramienta y, por tanto, su desgaste. Tendremos que comprobar que exista suficiente refrigerante y controlar las impurezas del mismo. En caso necesario, sustituirlo por un refrigerante destinado a tal fin.

- **Revisar el engrase.** Son muchos los elementos móviles que podemos encontrar en el torno, por lo que tendremos que tener especial atención al engrase y limpieza de los mismos para evitar posibles averías.
- **Comprobar el filo de la herramienta.** Con el mecanizado las herramientas se desgastan perdiendo el filo. Por este motivo, es necesario tener las herramientas bien afiladas y sustituirlas por unas nuevas en caso necesario.
- **Cambiar las bombillas** que iluminan el puesto de trabajo o las propias de la maquinaria cuando pierdan potencia lumínica o dejen de irradiar luz.

 Importante

En caso de avería grave llamar al servicio técnico o al personal de mantenimiento encargado de las reparaciones. Nunca se debe intentar reparar o dejar a alguien que lo haga.

4.2. Mantenimiento y limpieza de la fresadora

La fresadora, al igual que el torno, es una máquina-herramienta de elevado coste y complejidad. El mantenimiento por parte del usuario es vital a la hora de prevenir posibles averías futuras y alargar la vida útil de la máquina.

El mantenimiento que debe realizar el operario a la hora de mecanizar con una fresadora es:

- **Comprobar el nivel de aceite y el estado de este.** Los procesos de mecanizado pueden consumir aceite, por lo que será necesario reponerlo o sustituirlo completamente si el contenido de impurezas es alto.
- **Comprobar el nivel de refrigerante.** El uso del refrigerante disminuye la temperatura en la herramienta y, por tanto, su desgaste. Tendremos que comprobar que exista suficiente refrigerante y controlar las impurezas del mismo. En caso necesario, sustituirlo por un refrigerante destinado a tal fin.

■ **Revisar el engrase.** Son muchos los elementos móviles que podemos encontrar en la fresadora, por lo que tendremos que tener especial atención al engrase y limpieza de los mismos para evitar posibles averías.

■ **Verificar el estado de las fresas.** Si el desgaste en las fresas es excesivo serán sustituidas por nuevas.

■ **Cambiar las bombillas** que iluminan el puesto de trabajo o las propias de la maquinaria cuando pierdan potencia lumínica o dejen de irradiar luz.

■ **Verificar el estado de los elementos de sujeción.** Comprobar que no existen holguras o malos apoyos que puedan producir el desplazamiento de la pieza de forma indeseada.

4.3. Mantenimiento y limpieza de la taladradora

El mantenimiento que debe realizar el operario a la hora de mecanizar con la taladradora es:

■ **Comprobar el nivel de refrigerante.** El uso del refrigerante disminuye la temperatura en la herramienta y, por tanto, su desgaste. Tendremos que comprobar que exista suficiente refrigerante y controlar las impurezas del mismo. En caso necesario, habrá que sustituirlo por un refrigerante destinado a tal fin.

■ **Revisar el correcto funcionamiento de la máquina.** Comprobar que el volante de avance se desplaza sin dificultad, igualmente realizar la comprobación del husillo y del portabrocas.

■ **Verificar el estado de las brocas.** Si el desgaste en la herramienta es excesivo será afilada o sustituida por una nueva.

■ **Cambiar las bombillas** que iluminan el puesto de trabajo o las propias de la maquinaria cuando pierdan potencia lumínica o dejen de irradiar luz.

■ **Verificar el estado de los elementos de sujeción.** Comprobar que no existen holguras o malos apoyos que puedan producir el desplazamiento de la pieza de forma indeseada.

Recuerde

A la hora de trabajar es importante mantener una correcta iluminación tanto del puesto de trabajo como de la zona focal.

4.4. Mantenimiento y limpieza de la mandrinadora

El mantenimiento que debe realizar el operario a la hora de mecanizar con la mandrinadora es:

- **Comprobar el nivel de refrigerante.** Tendremos que comprobar que exista suficiente refrigerante y controlar las impurezas del mismo. En caso necesario, habrá que sustituirlo por un refrigerante destinado a tal fin.
- **Revisar el correcto funcionamiento de la máquina.** Comprobar que el volante de avance se desplaza sin dificultad, igualmente realizar la comprobación del husillo y del portaherramientas.
- **Verificar el estado de las herramientas.** Si el desgaste es excesivo será afilada o sustituida por una nueva.
- **Cambiar las bombillas** que iluminan el puesto de trabajo o las propias de la maquinaria cuando pierdan potencia lumínica o dejen de irradiar luz.
- **Verificar el estado de los elementos de sujeción.** Comprobar que no existen holguras o malos apoyos que puedan producir el desplazamiento de la pieza de forma indeseada.

4.5. Mantenimiento y limpieza de la rectificadora

El mantenimiento que debe realizar el operario a la hora de mecanizar con la rectificadora es:

- **Comprobar el nivel de refrigerante.** Tendremos que comprobar que exista suficiente refrigerante y controlar las impurezas del mismo. En caso necesario, habrá que sustituirlo por un refrigerante destinado a tal fin.

- **Revisar el correcto funcionamiento de la máquina.** Comprobar que el volante de avance se desplaza sin dificultad, igualmente realizar la comprobación del husillo y del portamuelas.
- **Verificar el estado de las muelas.** Si el desgaste es excesivo será sustituida por una nueva de igual características.
- **Cambiar las bombillas** que iluminan el puesto de trabajo o las propias de la maquinaria cuando pierdan potencia lumínica o dejen de irradiar luz.
- **Verificar el estado de los elementos de sujeción.** Comprobar que no existen holguras o malos apoyos que puedan producir el desplazamiento de la pieza de forma indeseada.

 Consejo

Si observa un excesivo deterioro de las muelas compruebe el manual del fabricante, puede que su uso no esté especificado para el material a rectificar.

4.6. Mantenimiento y limpieza de la cepilladora

El mantenimiento que debe realizar el operario a la hora de mecanizar con la cepilladora es:

- **Revisar el correcto funcionamiento de la máquina.** Comprobar que el volante de avance se desplaza sin dificultad, igualmente habrá que realizar la comprobación del husillo y del cepillo o cuchilla.
- **Verificar el estado de las cuchillas.** Si el desgaste es excesivo será sustituida por una nueva de igual características.

Proceso de limpieza de la cepilladora

- **Cambiar las bombillas** que iluminan el puesto de trabajo o las propias de la maquinaria cuando pierdan potencia lumínica o dejen de irradiar luz.
- **Verificar el estado de los elementos de sujeción.** Comprobar que no existen holguras o malos apoyos que puedan producir el desplazamiento de la pieza de forma indeseada.

 Recuerde

El cepillado es un proceso de mecanizado a través de una cuchilla, el deterioro de su filo puede producir inexactitud y problemas de mecanizado en la pieza. Se recomienda afilar la herramienta o sustituirla para mantener unas condiciones óptimas de ejecución.

Aplicación práctica

Usted es un operario de la fabrica "Metálicas Acero", su función es manejar las distintas máquinas y herramientas para la construcción de elementos de máquinas por encargo. Resulta que cuando se disponía a realizar un trabajo ha detectado el deterioro de la cuchilla del torno. Exponga, de forma detallada, el proceso que seguiría para la sustitución de dicho elemento de forma segura y respetando el medioambiente.

Solución

Cada operario puede realizar las operaciones de acuerdo a su propio criterio; sin embargo, a modo orientativo, algunos de los aspectos a tener en cuenta y procesos que debe realizar son:

- Apagar la máquina de forma correcta, colocando el sistema en modo parada y desconectando el interruptor que la alimenta.
- Si el interruptor está en un lugar alejado de la zona de trabajo o de reparación de la máquina, colocaremos un cartel que indique al resto de operarios y trabajadores que la máquina está siendo reparada.

■ Seleccionaremos las herramientas necesarias para realizar de forma correcta la sustitución de la cuchilla.

■ Despejaremos la zona de trabajo de cualquier material o elemento que pueda causar daños o accidentes durante el proceso de reparación. En el caso de existir filos de herramientas serán cubiertos por pantallas o elementos que impidan cortes y rasguños indeseados.

■ Si la cuchilla a sustituir está atascada o su extracción es dificultosa para el operario hay que avisar al equipo de mantenimiento, quienes se encargarán de realizar la operación de forma segura.

■ Una vez extraída la cuchilla comprobaremos el filo de la misma y analizaremos, en función de su desgaste, el afilado o sustitución de la misma.

■ Para realizar el afilado de una cuchilla, nos dirigimos a una fresadora y seleccionamos una herramienta de afilado, por ejemplo una muela cilíndrica, afianzamos la cuchilla de forma correcta y con el ángulo deseado procedemos a su afilado.

■ Una vez afilado extraemos la cuchilla de la fresadora y la colocamos de forma correcta en el torno.

■ En caso de sustitución de la cuchilla, seleccionaremos una de similares características que la anterior y verteremos la cuchilla de desecho en un contenedor especial para su tratamiento.

■ Una vez afianzada la cuchilla en el torno, recogemos y ordenamos las herramientas utilizadas, limpiamos la zona de trabajo de posibles desechos causados y establecemos de forma correcta todos los elementos y dispositivos de seguridad.

■ Finalmente, procedemos a la conexión de la máquina y realizamos un mecanizado de prueba para comprobar el funcionamiento de la cuchilla, si todo es correcto retiramos el cartel de reparación de maquinaria y continuamos con el trabajo.

5. Normas de seguridad y utilización de equipos de protección individual y colectiva

La mayoría de los accidentes producidos en la industria se deben a un mal uso o manejo de la maquinaria. Las normas de seguridad así como la utilización de equipos de protección individual pretenden eliminar y reducir las consecuencias de los accidentes en el puesto de trabajo.

Algunos de los **peligros comunes** a los que se encuentra expuesto el operario de maquinaria están relacionados con:

- Zonas de rozamiento.
- Elementos calientes.
- Elementos de giro en máquinas (engranajes, cadenas, poleas, correas...).
- Maquinaria automática.
- Atrapamientos o enganches por joyas y ropas sueltas.

A continuación se establecerán una serie de normas importantes para el usuario a la hora de trabajar con máquinas-herramientas.

Normas de seguridad

Antes de iniciar el proceso de mecanizado con una máquina-herramienta debemos tener en cuenta:

- Evitar elementos que puedan obstaculizar el normal funcionamiento de la máquina.
- Comprobar que las carcasas de protección de las poleas, engranajes, cadenas y ejes están en su sitio y bien fijadas.
- No iniciar operaciones de procesado con materiales que puedan ser susceptible de ser proyectados, es decir, desprendidos o arrojados a gran velocidad contra el operario o el personal cercano al área de trabajo.
- Utilizar los equipos de protección individual (EPI), como, por ejemplos, gafas de seguridad, botas de seguridad, guantes, mono, etc.
- Comprobar que el dispositivo de sujeción de piezas está fuertemente anclado a la mesa de la máquina.
- Evitar obstáculos en la zona de trabajo.
- Mantener una correcta iluminación en la zona de trabajo.
- No retirar directamente con la mano las virutas generadas durante el proceso de mecanizado.

- No operar con maquinaria cuyos elementos de protección han sido manipulados de forma indebida.
- Comprobar que los dispositivos de seguridad se encuentran en su sitio y correctamente instalados.

Una vez iniciado el proceso de mecanizado con máquinas-herramientas se deberá tener en cuenta las siguientes recomendaciones:

- Situarse en una posición segura que no haga peligrar la integridad física del operario durante la operación de mecanizado.
- Si el trabajo se realiza de forma automática, las manos no deben apoyarse en la mesa de la máquina ni debemos interponernos en la zona de movimiento de la máquina.
- Todas las operaciones de comprobación, ajuste, etc., deben realizarse con la máquina parada, especialmente las siguientes:

  - Al alejarse o abandonar el puesto de trabajo.
  - Sujetar la pieza a trabajar.
  - A la hora de realizar mediciones o calibraciones de la máquina o las piezas.
  - Comprobar el acabado de la pieza procesada.
  - En el transcurso de los procesos de limpieza o engrase.
  - A la hora de activar o ajustar las protecciones de la máquina.

- Durante las reparaciones hay que colocar en el interruptor principal un cartel de "No Tocar", "Peligro Hombre Trabajando". Si es posible, poner un candado en el interruptor principal o quitar los fusibles.
- Limar las posibles rebabas ocasionadas durante el mecanizado de agujeros, de esta forma podemos evitar cortes o rasguños al manipular las piezas procesadas.

 **Consejo**

Aun paradas, las máquinas de mecanizado son herramientas cortantes. Al soltar o amarrar piezas se deben tomar precauciones contra cortes y arañazos que pueden producirse en manos y brazos.

5.1. Equipos de Protección Individual (EPI)

Cuando se opere con máquinas-herramientas es necesaria la utilización de los siguientes equipos de protección individual:

- **Gafas,** para protegerse de las posibles proyecciones generadas durante el trabajo con la maquinaria.
- **Botas de seguridad,** protegen contra la posible caída de piezas.

- **Ropa de trabajo bien ajustada y ceñida en las mangas,** nos protegen de posibles enganchones producidos por el movimiento de la máquina.
- **Protector auditivo,** si el nivel de ruido producido es superior a 85 dB.

Seguidamente, exponemos cuáles son las señales de obligado cumplimiento por parte del operario en la zona de trabajo marcada.

Uso obligatorio de ropa protectora

Uso obligatorio de protectores auditivos

Uso obligatorio de calzado de seguridad

Uso obligatorio de gafas

A continuación, vamos a ver los riesgos específicos que debemos tener en cuenta en el manejo del torno, fresadora, taladradora y mandrinadora.

Máquinas-herramientas	Riesgos específicos
Torno	- Caída de piezas. - Proyección de partículas. - Riesgo de atrapamientos. - Contacto fortuito con la zona de giro durante el procesado. - Derrame de líquidos.
Fresadora	- Caída de piezas. - Proyección de partículas. - Contacto fortuito con la zona de giro durante el procesado. - Derrame de líquidos.
Taladradora	- Caída de piezas. - Proyección de partículas. - Contacto fortuito con la zona de giro durante el procesado. - Derrame de líquidos.
Mandrinadora	- Caída de piezas. - Proyección de partículas. - Contacto fortuito con la zona de giro durante el procesado. - Derrame de líquidos.

Señales que indican distintos riesgos específicos

Precaución proyección de partículas   Peligro caída de objetos   Atención riesgo de atrapamiento

 Aplicación práctica

Debido a su experiencia en la industria de la fabricación mecánica, le han nombrado jefe de equipo en la industria "Torneados Benítez", su supervisor le ha encargado la seguridad del equipo al que usted dirige. Realice una exposición de las actuaciones y medidas que llevaría acabo para mantener la seguridad de los trabajadores.

SOLUCIÓN

Algunos puntos que se deberían tener en cuenta son:

I Realizar un informe de la fábrica y del equipo de trabajo donde pueda observar las carencias existentes en materia de seguridad.

I Si los operarios desconocen algunas medidas de seguridad o equipos de protección, organizaremos unas jornadas explicativas en materia de seguridad del operario.

I Comprobar que todos los trabajadores han realizado el curso de prevención de riesgos laborales.

I Señalar aquellas zonas o puestos de trabajo de mayor riesgo con carteles y elementos que permitan al operario conocer los peligros existentes en la zona y los dispositivos y precauciones a tener en cuenta.

I Obligar al operario a que utilice el equipo de seguridad adecuado.

I Facilitar al operario los equipos de protección individual necesarios y la sustitución de los mismos en caso de deterioro.

I Realizar un análisis de los riesgos existentes en cada puesto de trabajo e informar y formar al operario de las posibles actuaciones incorrectas que pueda llevar a cabo.

I Realizar encuestas donde se recojan datos sobre la seguridad de los trabajadores.

6. Orden y limpieza del puesto de trabajo

Para prevenir accidentes y tener un ambiente de trabajo favorable y propicio, además de las tareas básicas de mantenimiento, es necesario mantener limpio el entorno de residuos que se puedan producir durante el mecanizado.

Algunos de los pasos que debemos tener en cuenta pueden ser:

- Limpiar y descargar el portavirutas, arrojando el material de desecho y las virutas, así como las herramientas gastadas, a los contenedores especiales.
- Las virutas deben ser retiradas con regularidad utilizando un cepillo o brocha para las virutas secas y una escobilla de goma para las húmedas y aceitosas. Trabajar en un ambiente limpio y ordenado disminuye considerablemente el riesgo de sufrir accidentes y la gravedad de los mismos.
- Verter el líquido refrigerante y el aceite en contenedores especiales destinados a tal fin o llevarlos a un punto limpio donde puedan ser tratados.
- Mantener ordenado el puesto de trabajo y los alrededores de la máquina para evitar tropiezos que puedan producir lesiones o accidentes. Los objetos caídos y desperdigados pueden provocar tropezones y resbalones peligrosos.
- La máquina debe mantenerse en perfecto estado de conservación, limpia y correctamente engrasada.
- Evitar líquidos o aceites derramados en el suelo, ya que pueden ser resbaladizos y generar accidentes o lesiones.
- Guardar las herramientas de forma ordenada cuando no se utilicen.
- Debe cuidarse el orden y la conservación de las herramientas, útiles y accesorios.
- Se deben dejar libres los caminos de acceso a la máquina.
- Evitar cableado por las zonas de paso que puedan dar lugar a tropiezos.
- Mantener limpias las mamparas de seguridad para tener visibilidad a la hora de operar con la máquina.
- Las lámparas que iluminen el puesto de trabajo deberán estar limpias para una correcta iluminación del área de trabajo.
- Verificar el estado de las herramientas. Si el desgaste es excesivo será afilada o sustituida por una nueva.

- Cambiar las bombillas que iluminan el puesto de trabajo o las propias de la maquinaria cuando pierdan potencia lumínica o dejen de irradiar luz.
- Eliminar los desperdicios, trapos sucios de aceite o grasa que puedan arder con facilidad, acumulándolos en contenedores adecuados (metálicos y con tapa).
- Comprobar que el volante de avance se desplaza sin dificultad, igualmente realizar la comprobación del husillo y del portaherramientas.
- Las averías de tipo eléctrico solamente pueden ser investigadas y reparadas por un electricista profesional.
- Las conducciones eléctricas deben estar protegidas contra cortes y daños producidos por las virutas y/o herramientas.

 Importante

Todos los residuos deben ser tratados debidamente, nunca se deben verter aceites o líquidos refrigerantes por los desagües, se ha de hacer en contenedores especiales o en los puntos limpios de la ciudad.

7. Aplicación de normas de protección del medioambiente

Continuamente recibimos noticias relacionadas con el deterioro del medioambiente, como el cambio climático, el agujero de la capa de ozono, etc. Actualmente, la normativa pretende concienciar a los ciudadanos de la existencia de estos problemas. Estos se pueden disminuir aplicando una serie de prácticas sencillas en nuestra vida diaria y, en particular, en el trabajo.

A continuación, se muestran unas sencillas actividades de aplicación de la normativa referente en el puesto de trabajo:

- Realizar un estudio de eficiencia del procesado a realizar. A la hora de trabajar con máquinas-herramientas, en muchos casos actuamos en la pieza sin analizar previamente el proceso a realizar. Servirá para identificar las posibles soluciones más eficientes del procesado, evitando errores y utilizando de forma óptima los recursos y materias existentes.

■ Apagar la máquina y aparatos mientras no se estén utilizando. Con esta medida reduciremos el consumo eléctrico.

■ Apagar las luces de zonas no habitadas. Para realizar los trabajos de forma correcta es necesario poseer un nivel de iluminación adecuado; sin embargo, en aquellos lugares donde la iluminación no es necesaria es importante desconectar las lámparas. Cuando se abandona el puesto de trabajo no solo debe apagarse la máquina-herramienta sino también las lámparas que la iluminan.

■ Utilizar bombillas de bajo consumo de tipo LED. Supondrá un ahorro económico y contribuirá a la protección del medioambiente, ya que a diferencia de las bombillas de bajo consumo fluorescentes tradicionales, las de tipo LED no cuentan con mercurio en su interior.

■ A la hora de sustituir las luminarias, debemos reciclar las bombillas utilizadas depositándolas en contenedores especiales.

■ Cuando se proceda al mantenimiento de la máquina, tanto grasas como aceites y trapos manchados, deben depositarse en contenedores especiales o en puntos limpios donde sean tratados correctamente.

■ Nunca se deben verter aceites, grasas ni sustancias químicas por el desagüe. Siempre se deben depositar en contenedores especiales para ello.

■ Mantener los equipos en buen estado y sustituir en los casos que sean necesarios para permitir una utilización óptima de la energía.

- A la hora de sustituir los refrigerantes utilizados en las máquinas recuerde que estos contienen sustancias químicas, por lo que deben ser depositados en lugares especiales para su tratamiento.
- Realizar una utilización eficiente del agua. Evitar grifos con goteos, sustituir tuberías rotas y evitar despilfarros innecesarios.

- A la hora de sustituir piezas o herramientas es importante reciclarlas o, en su caso, depositarlas en contenedores especiales.
- Reciclar embalajes, cartones y papeles.

- Reciclar plásticos.

- Reciclar metales. Nunca tirar metales pesados ni por desagües ni en contenedores de residuos orgánicos.
- Reciclar vidrios y cerámicas.

Aplicación práctica

La fábrica en la que trabaja ha sido denunciada por un grupo ecologista, en pocas semanas la fábrica será objeto de una auditoría medioambiental. Como jefe de taller mecánico, le han encargado realizar cuantas tareas resulten oportunas para eliminar o reducir las actividades que atenten contra el medioambiente. Realice un informe donde se recojan todas las medidas y actuaciones que llevará acabo.

SOLUCIÓN

En esta aplicación práctica existen numerosas soluciones, a modo de ejemplo citamos algunas propuestas:

- Realizar un informe que recoja los posibles problemas o tratamientos incorrectos en cuanto a medioambiente.
- Establecer distintos contenedores donde poder depositar los diferentes residuos generados. Contenedores para aceites usados, contenedores para líquidos especiales (refrigerantes, etc.), contenedores para metales, contenedores para plásticos y embalajes, etc.
- Concienciar a los trabajadores de la fábrica de la importancia de reciclar y trabajar respetando el medioambiente.
- Organizar jornadas y charlas explicativas sobre la importancia de respetar el medioambiente.
- Realizar encuestas de mejora donde los trabajadores se sientan implicados en la mejora de las distintas actuaciones encaminadas a la disminución de la contaminación.
- Sustituir procesos y procedimientos poco respetuosos con el medioambiente por otros más ecológicos.
- Cambiar la maquinaria antigua, que pueda ser excesivamente contaminante, por otra más moderna y ecológica.
- Establecer sistemas automáticos de encendido y apagado de luces en las diferentes zonas de la fábrica, así como en las oficinas y aseos.
- Mejorar el consumo de electricidad, reducir el consumo excesivo de agua, etc.
- En procesos de refrigeración mediante agua, utilizar circuitos cerrados donde pueda ser reutilizada el agua, disminuyendo de forma considerable el consumo de este recurso.

8. Resumen

En este capítulo hemos estudiado las diferentes partes de las que se componen las máquinas herramientas, así como los movimientos principales y los diferentes mecanizados que pueden realizarse con ellas.

También hemos visto los distintos útiles y herramientas que intervienen en el proceso, además de los elementos básicos de seguridad en máquinas, útiles y sistemas de puesta en marcha y parada.

No solo hemos conocido el funcionamiento de las máquinas-herramientas también se han visto los pasos a seguir para su mantenimiento y limpieza, respetando el medioambiente.

Hemos conocido los posibles peligros a los que estamos expuestos a la hora de mecanizar con máquinas-herramientas y hemos estudiado los equipos de protección individual, así como el protocolo que nos permite realizar trabajos de forma segura, todo ello sin perder de vista las normas de protección del medioambiente y manteniendo un riguroso orden y limpieza del puesto de trabajo.

Ejercicios de repaso y autoevaluación

1. Responda a las siguientes cuestiones.

a. Nombre cuatro mecanizados que pueden realizarse con el torno.

_____

_____

b. Dependiendo del mecanizado que se quiera realizar en la pieza, se escoge el tipo de muela a utilizar. Nombre tres tipos de muelas según su geometría.

_____

_____

2. Indique si las siguientes afirmaciones son verdaderas o falsas.

a. Uno de los pasos que debemos tener en cuenta a la hora de realizar el mantenimiento, a nivel usuario en el torno, es comprobar el correcto afilado de la cuchilla, ya que durante los procesos de mecanizado se produce cierto desgaste en la misma.

☐ Verdadero
☐ Falso

b. Uno de los pasos que debemos realizar para mantener un correcto funcionamiento en la mandrinadora, es mantener ordenado el puesto de trabajo y los alrededores de la máquina y evitar líquidos o aceites derramados en el suelo, ya que pueden ser resbaladizos y generar accidentes o lesiones.

☐ Verdadero
☐ Falso

3. A la hora de sustituir las luminarias debemos...

a. ... reciclar las bombillas utilizadas y sustituirlas por otras que no sean de bajo consumo.
b. ... reciclar las bombillas utilizadas depositándolas en cualquier tipo de contenedor.
c. ...reciclar las bombillas utilizadas depositándolas en contenedores especiales.

4. ¿Cuál es la herramienta usada para imprimir un determinado dibujo en la superficie de una pieza mecanizada?

    a. Muela.
    b. Moleta.
    c. Fresa.
    d. Cuchilla.

5. El movimiento de corte en la fresadora lo realiza...

    a. ... la pieza mediante el avance de la mesa portapiezas.
    b. ... la herramienta a través de un giro de la misma.
    c. ... la herramienta mediante el giro o la pieza a partir del avance propio.
    d. ... la herramienta mediante un corte lineal curvado.

6. En la taladradora el movimiento de profundidad lo realiza...

    a. ... la broca a través de un movimiento lineal.
    b. ... la pieza mediante un correcto ajuste en la máquina.
    c. ... la broca a partir de un giro circular.
    d. Todas las opciones son incorrectas.

7. A la hora de operar con máquinas-herramientas nunca debemos...

    a. ... verter el líquido refrigerante en contenedores especiales destinados a tal fin o llevarlos a un punto limpio donde puedan ser tratados.
    b. ... mantener limpias las mamparas de seguridad para tener visibilidad a la hora de operar con la máquina.
    c. ... retirar la viruta generada por la máquina directamente con la mano para evitar averías.
    d. ... limpiar las lámparas que iluminen el puesto de trabajo para mantener una correcta iluminación del área de trabajo.

8. De los siguientes equipos de protección individual, ¿cuál de ellos es necesario usar a la hora de operar con la cepilladora?

    a. Gafas y protector auditivo.
    b. Botas de seguridad.
    c. Ropa de trabajo.
    d. Todas las opciones son correctas.

Bibliografía

Monografías

▌GÓMEZ Etxabarría, G.: *Todo prevención de riesgos laborales, medio ambiente y seguridad industrial.* Madrid: CISS, 2009.

▌KALPAKJIAN, S. y SCHMID, S. R.: *Manufactura, ingeniería y tecnología.* México: Pearson Educación, 2002.

▌LADRÓN DE GUEVARA López, I.: *El dibujo técnico y sus normas. Teorías y ejercicios.* Málaga: Ed. Atenea, 1996.

▌LUDOVICO Straneo, S. y Consorti, R.: *El dibujo técnico mecánico.* [s. l.]: Montaner y Simón, 1969.

▌RODRIGUEZ DE ABAJO, F. J. y ÁLVAREZ Bengoa, V.: *Curso de Dibujo Geométrico y de Croquización.* [s. l.]: Editorial Marfil S.A., 1985.

▌SMITH, W. F.: *Fundamentos de la ciencia e ingeniería de materiales.* [s. l.]: . Mc Graw Hill, 1993.

Textos electrónicos, bases de datos y programas informáticos

▌Asociación Española de Normalización y Certificación AENOR, de: <http://www.aenor.es/>.

❙ Consejería de Medio Ambiente Junta de Andalucía, de: <http://www.juntadeandalu-cia.es/medioambiente/site/web/>.

❙ Instituto Nacional de Seguridad e Higiene en el Trabajo, de: <http://www.insht.es/>.

❙ International Organization for Standardization ISO, de: <http://www.iso.org/>.